薛亦男 编著

妈妈这样做，宝宝超爱吃

中国妇女出版社

图书在版编目（CIP）数据

妈妈这样做，宝宝超爱吃 / 薛亦男编著. --北京：
中国妇女出版社，2018.7
ISBN 978-7-5127-1591-2

Ⅰ. ①妈… Ⅱ. ①薛… Ⅲ. ①婴幼儿—食谱 Ⅳ.
①TS972.162

中国版本图书馆CIP数据核字（2018）第094678号

妈妈这样做，宝宝超爱吃

作　　者：薛亦男　编著
责任编辑：门　莹
封面设计：金版文化
责任印制：王卫东
出版发行：中国妇女出版社
地　　址：北京市东城区史家胡同甲24号　　　　邮政编码：100010
电　　话：（010）65133160（发行部）　　　65133161（邮购）
网　　址：www.womenbooks.cn
法律顾问：北京市道可特律师事务所
经　　销：各地新华书店
印　　刷：北京中科印刷有限公司
开　　本：170×240　1/16
印　　张：12
字　　数：200千字
版　　次：2018年7月第1版
印　　次：2018年7月第1次
书　　号：ISBN 978-7-5127-1591-2
定　　价：39.80元

　　自从有了宝宝，妈妈就有了幸福的"忧愁"。幸福的感觉自不必说，从第一次感受到宝宝在腹中的活力，到听见宝宝呱呱坠地时响亮的啼哭，怀胎十月的辛苦、一朝分娩的艰辛就在这过程中一点点消弭，内心充斥的只有满满的幸福。

　　而"忧愁"也伴随着幸福而来，每个妈妈都想给宝宝最好的喂养，但就算只是看似最简单的"吃"，也难倒了不少新妈妈：宝宝只吃母乳，营养全面吗？什么时候开始给宝宝添加辅食？辅食吃多少、怎么做、怎样搭配才更合理？宝宝生病了，吃什么好得快？关于宝宝喂养的各种问题，给还沉浸在初为人母幸福中的新妈妈增添了不少的"忧愁"。

　　妈妈的烦恼不是过度紧张的小题大做，喂养 0～3 岁的宝宝确实不是一件易事。0～3 岁是宝宝大脑发育及身体成长的黄金时期，只有全面均衡的营养才能保证宝宝的健康成长。于是，如何进行科学喂养，

成为新手妈妈的必修课程。为此，我们特意编写了这本《妈妈这样做，宝宝超爱吃》，根据 0 ~ 3 岁宝宝的生长发育情况和营养需求，为妈妈们提供丰富的配餐指导和饮食建议，旨在让新手妈妈获得更多关于科学喂养的参考，让妈妈的爱更科学、更合理、更安心。

喂养之于宝宝，绝不是简单的填饱肚子，更要担负起帮助宝宝摄取多种营养成分的重任。妈妈们还犹豫什么呢，赶紧为你的宝宝开启科学喂养之旅吧。从现在开始，亲手包揽食材的选购、清洗和加工，为宝宝动手制作安全、营养又健康的"妈妈牌"爱心辅食吧，用爱与营养唤醒宝贝的一日健康活力，让宝宝健康，妈妈也更安心！

目录
Contents

Part 1 科学喂养，让宝宝"营"在起跑点

Part 2 母乳喂养，天然哺育更安心

Part 3 辅食添加，让宝宝爱上吃饭

Part 6 营养功能餐，为宝宝健康加分

Part 1

科学喂养，
让宝宝"营"在起跑点

每一个妈妈都想让宝宝"营"在起跑点，但宝宝需要从饮食中获得哪些关键营养？如何循序渐进地给宝宝添加辅食？辅食制作和食材选择又需要注意什么？相信很多新手妈妈的心中满是疑问。别担心，所有这些问题都将在接下来的科学喂养基础课上获得解答。

0 ~ 3岁宝宝安心喂养指南

根据中国营养学会给出的最新婴幼儿喂养指南建议，6 月龄内的婴儿应坚持纯母乳喂养；7 ~ 24 月龄婴幼儿应继续母乳喂养，同时根据其发育情况合理添加辅食；满 2 周岁以上的儿童，家长应供给多样化饮食，并培养宝宝良好的饮食习惯。

0 ~ 6个月：坚持纯母乳喂养

母乳含有的营养成分可以满足婴儿出生后 6 个月内生长发育所需，能提供 6 月龄内宝宝的免疫抗体，降低疾病和过敏风险。而且，母乳喂养经济、安全又方便，还有利于营造母子情感交流的环境，给婴儿安全感，有利于婴儿心理行为和情感发展。建议坚持纯母乳喂养至少 6 个月。由于母婴身体情况，不能用纯母乳喂养婴儿时，宜选择适合 6 月龄内婴儿的配方奶喂养。

7 ~ 24个月：继续母乳喂养，及时添辅食

对于 7 ~ 24 个月的婴幼儿，母乳仍然是重要的营养来源，但是单一的母乳喂养已经不能完全满足宝宝对能量及营养素的需求，必须引入其他营养丰富的食物，并根据宝宝的发育情况分阶段添加辅食，让宝宝逐步学会自主进食。

2 ~ 3岁：逐步过渡到成人饮食

经过此前辅食的过渡和转变，此阶段宝宝的饮食已经逐渐接近成人饮食，家长应供给多样化膳食，并重点引导宝宝自主、有规律地进餐，保证一日三次正餐和两次加餐，不随意改变进餐时间、环境和进食量，纠正宝宝挑食、偏食等不良饮食行为。

0~3岁宝宝成长所需的关键营养素

对于婴幼儿来说，所需营养素不外乎七大类，即碳水化合物、脂肪、蛋白质、维生素、矿物质、膳食纤维、水。对于6月龄内的婴儿来说，母乳或配方奶就可以补足所需营养；超过6月龄，家长应逐步供给多样化膳食，以保证宝宝均衡摄取多种营养素。

 ## 碳水化合物——宝宝成长的能量

碳水化合物的主要作用是给婴幼儿提供能量，并帮助他们消化和吸收食用的所有食物。碳水化合物食物主要来源于谷类、根茎类食物、薯类。日常饮食中家长应注意供给宝宝优质的碳水化合物食物，如小麦、大麦、全麦面包、糙米、蔬菜、水果等，少给宝宝吃不健康的碳水化合物食物，如薯片、巧克力、糖果等。

 饮食建议：富含碳水化合物的食物通常可以作为宝宝辅食的首选，较少引起宝宝过敏，如婴儿营养米粉、稀粥等。待宝宝适应后再慢慢添加蔬菜或其他食物。

 ## 蛋白质——宝宝生命的源泉

蛋白质可为婴幼儿生长提供不可或缺的原料，能促进骨骼、肌肉、内脏等组织和器官的发育，增强宝宝的体质，提高免疫力。蛋白质还是构成神经系统的重要物质，是宝宝大脑运作的基础。

蛋白质有动物蛋白质和植物蛋白质之分，平时可将两者搭配在一起给宝宝食用。动物蛋白质主要来源于乳制品、蛋类、鱼

类、畜禽肉类；植物蛋白质主要是大豆蛋白，包括黄豆、黑豆、豌豆、豆腐等。另外，芝麻、核桃、杏仁等干果中的蛋白质含量也较高。

🍓 **饮食建议：** 由于动物蛋白质食物引起过敏的概率较高，给宝宝添加辅食时可适当推迟这类食物的添加时间，且应少量多次、充分烹制后再添加，以免给宝宝消化系统造成负担。

摄取脂肪很重要

脂肪是机体重要的营养成分，是机体热量的主要来源。婴儿的均衡膳食至少要包括 40% 的脂肪热量，学步期的宝宝需要 30% ~ 40%；宝宝大脑成长需要的脂肪热量达到 50% ~ 60%；脂肪在人体中有助于一些重要激素的生成，是细胞膜的重要组成部分。只要我们给宝宝提供适合的脂肪以及恰当的比例，对宝宝的成长是非常有帮助的。

对婴幼儿成长有帮助的脂肪主要有 3 种来源：母乳、海产品（如深海鱼）和亚麻籽油。另外，橄榄油、坚果（需确保不过敏）中也含有较多的不饱和脂肪。肉类、蛋类和全脂乳制品也是脂肪的重要来源，不过其主要含饱和脂肪。在宝宝 3 岁以前的饮食中，应含有一定量的、种类多样的饱和脂肪。还有一种加工类脂肪——反式脂肪，常存在于市售加工食品中，如薯条、蛋黄派等，不利于宝宝健康，对成人也无益处。

🍓 **饮食建议：** 脂肪含量高的食物通常不容易消化，所以给小宝宝吃的时候一定要控制好量。猪肉、鸡肉等最好是去皮、去油脂后再给宝宝食用。

重视维生素的补充

维生素不能直接补充能量，却能让宝宝吃进去的食物发挥更好的作用，让身体各组织器官运转得更好，能激发身体的活力，是宝宝成长中不可缺少的营养素。

人体需要的维生素主要有维生素A、维生素C、维生素D、维生素E、维生素K以及B族维生素。维生素广泛存在于各种新鲜的蔬菜和水果中。另外，维生素A和维生素D还可通过鱼肝油补充，常吃动物肝脏也可以补充维生素A；很多坚果和植物油中含有较多的维生素E；B族维生素则还存在于糙米、小麦胚芽等粗粮中。

饮食建议： 一般只要供给宝宝不同种类的食物，宝宝缺乏维生素的可能性不大，也不需要额外添加各种维生素补充剂。学步期的宝宝如果饮食不规律，挑食严重，可遵医嘱补充维生素，直至饮食均衡。

矿物质不可缺少

矿物质同维生素一样，人体对它的需求量不多，但不可缺少。矿物质广泛存在于多种食物中，尤其是蔬菜和水果，只要供给宝宝多样化的饮食，宝宝一般不会缺乏矿物质，包括一些微量元素。对于婴幼儿来说，比较重要的矿物质是铁和钙。宝宝是比较容易缺铁的，尤其是满6月龄至2岁的婴幼儿，容易患缺铁性贫血。

饮食建议： 刚开始给宝宝添加辅食时，应首选含铁丰富的泥糊状食物。另外，维生素C可以促进铁的吸收，可以将富含维生素C的蔬菜搭配含铁丰富的食物一起给宝宝吃。

保证足够的膳食纤维和水

膳食纤维可以促进肠蠕动，预防宝宝便秘。婴幼儿适当摄入膳食纤维，还可以促进咀嚼肌的发育，并且有助于牙齿与下颌的发育。新鲜的叶类蔬菜、水果、未精制的谷类、全麦面包、豆类、南瓜等都含有丰富的膳食纤维。

宝宝添加辅食后就要摄入水分了。刚开始吃辅食的宝宝，可以在进食后或两餐之间补充少量温开水。随着宝宝渐渐长大，特别是固定三餐后，饮水量也要随之增加。

饮食建议： 富含膳食纤维的食物应由细到粗逐步引进，同时给宝宝多喝水。不宜给宝宝吃含纤维素过多的食物，以免影响宝宝对其他营养物质的吸收和利用。

0～3岁宝宝膳食黄金法则

在宝宝不同的生长发育阶段，喂养需求不同，喂养过程中可能出现的问题也不同。基于目前已有的证据，同时参考世界卫生组织、中国营养协会以及儿科专家的相关建议，在此总结出0～3岁婴幼儿的膳食法则，希望能给广大家长科学的指引。

奶是婴儿的主要食物，不可忽视

奶是婴儿的主要食物，包括母乳和配方奶。辅食是指除母乳、婴幼儿配方奶以外的食物，包括米粉、粥、面条、汤羹等食物。与辅食相比，小宝宝的"主食"——奶属于高密度、高热量食物，可以满足婴儿对能量和其他营养素的需求。家长应根据孩子的营养需求，合理搭配孩子的"主食"与辅食，以保证孩子健康成长。

● 0～6个月：纯母乳喂养
● 满6月龄～1岁：每天喝奶量在600～800毫升
● 1岁～1岁半：每天喝奶量在400～600毫升
● 1岁半～3岁：每天喝奶量在350～500毫升

可以说，在1岁半尤其是1岁以前，婴儿的主食应是奶，即使宝宝非常喜欢辅食，也不能让辅食喧宾夺主，只有保证主食的摄入量，才能保证正常营养供给。然后，根据宝宝每日进食的奶量及生长发育情况，决定怎样给其搭配辅食。为了更好地达到喂养效果，家长需及时调整辅食的结构及喂养量，来更好地搭配奶量，以使宝宝健康成长。

在宝宝1岁半到3岁的这段时间内，日常饮食所带来的营养应成为孩子营养的主要来源，家长应为宝宝提供多样化的饮食，保证孩子均衡膳食，摄取多种营养素。在此阶段内，培养宝宝一日三正餐的进食规律，按时、定量进餐，并建立良好的饮食习惯。不过，奶依然要按量供给，因为奶中含有的蛋白质、钙、脂肪及维生素等营养成分的配比，是幼儿生长发育所必需的。

辅食添加，看月龄，也要看信号

辅食添加不能太早，否则会增加孩子消化系统的负担，使其出现对辅食的不耐受，甚至腹泻、过敏等症状。但辅食添加也不能太晚，太晚添加容易导致宝宝营养不良，而且容易错过锻炼宝宝口腔肌肉和开发味觉的关键期。

世界卫生组织、联合国儿童基金会以及中国营养学会都建议，母乳喂养满 6 月龄后添加辅食较为适宜。早产儿辅食添加时间应该为矫正年龄满 6 月龄＊。但满 6 月龄也只是一个参考值，具体什么时候可以添加辅食，家长不应只关心孩子的月龄，还要观察孩子发出的"我要吃饭"的信号。

辅食添加的信号：
- 能自主控制头颈部
- 能自己坐稳或在大人的支撑下能坐稳
- 大人吃饭时，孩子会盯着看，并出现吞咽、流口水等动作
- 把汤匙等器具送进宝宝嘴里，宝宝很少用舌头将其推出
- 宝宝的健康状态良好
- 宝宝的情绪较好

如果宝宝身体各方面指标都符合条件，想吃辅食的信号明显，且近期体重增长缓慢，适当提前一两周添加辅食也是可以的；如果宝宝月龄到了，但刚好身体有恙，推迟一两周再添加也无妨。但儿科专家建议，辅食添加的时间最早不能早于 5 个月，最晚不要晚于 8 个月。因特殊情况需提前添加辅食的，应咨询医生或其他专业人员后谨慎做出决定。

同时还要注意，在辅食添加初期，要保证孩子一贯的喂养规律，不要主动减少母乳或配方奶喂养的量和喂养次数。如果添加辅食后，孩子表现出较为强烈的抗拒情绪或出现腹泻、过敏、呕吐等不适，则需适当推迟辅食添加时间。

＊ 早产儿矫正月龄＝实际出生月龄－（40 周－出生时孕周）/4
例如：孕 32 周出生的早产儿出生后 6 个月，其矫正年龄为 4 个月，即：6-（40-32）/4=4。

提倡均衡膳食，保证多样化饮食

在给孩子添加辅食时，家长一定要逐渐增加进食种类，不应只关注食物品种的多样化，更要注重饮食结构。每次给孩子搭配饮食都要注意营养结构的合理性，不要集中在一两类食物上，而是要组合富含蛋白质（肉类、蛋类、鱼类）、脂肪（奶类、肉类）、碳水化合物（主食）、维生素和矿物质（蔬菜、水果）的食物，保证孩子摄入较为全面的营养素。

另外，针对不同月龄的宝宝，食物的结构组成也要不同，整体上要从单一趋于复杂，家长要根据孩子所处的阶段适当调整，力求均衡膳食。

满 6 月龄～1 岁

以母乳或婴儿配方奶粉为主食，添加辅食后不主动减少奶量。辅食中首先添加富含铁和碳水化合物的辅食，如婴儿营养米粉、稀粥，在此基础上添加蔬菜、肉泥、鸡蛋黄等。由于蔬菜、水果中含有的能量较少，所以碳水化合物食物是辅食中的"主食"，至少应占每次喂养量的一半。辅食的性状可逐渐由细变粗，数量逐渐增加，种类逐渐增多。

1 岁～1 岁半

奶与辅食可以达到1∶1的关系。辅食中食物的结构配比同1岁之前。一般来说，只要食品选择得当，进食正常，孩子的营养就能得到保证。

1 岁半以后

食物种类可以和成人食物相似，但味道相对清淡，性状相对细、软，直至孩子 3 岁左右才可以真正与大人一同分享食物。注意，1 岁以后，奶类依然是孩子不可缺少的营养来源。即使在断奶之后，家长仍需每天为孩子提供适量奶类，如鲜牛奶。

注意： 孩子的饮食结构在过渡到成人的饮食之前，伴随着身体的发育，家长需定期进行调整，以免孩子出现营养不良。一般来说，只要家长做好以上几点，在保证孩子适量饮食的基础上丰富其饮食结构、均衡膳食即可，没有必要额外添加营养品。

喂养应符合宝宝的实际情况

一些家长喜欢拿自己家孩子同别人家孩子比较，经常担心自家孩子没别的孩子吃得多，没别的孩子长得壮。

每个孩子出生时的体重、身长等都有所不同，体质也存在个体差异，即使处于相同年龄段的两个孩子，在进食量上也会有所不同，生长速度也会不一样。即使是相同的喂养，也不可能保证两个孩子长得一样壮。所以，家长不可因其他孩子的食量大而强迫自己孩子也要吃那么多。而且，孩子早期生长过快，不代表今后个子更高或者体质更好，反之亦然。

喂养应符合孩子生长发育的实际情况。若孩子生长正常，吃得少说明孩子的进食量与生长匹配，家长就没有必要纠结孩子吃得少。若孩子生长缓慢，应考虑孩子胃口小是否是因为家长的喂养方式不当造成的，比如辅食的味道、粗细、大小等不符合孩子的发育情况，这时应咨询医生，是否需要调整喂养方案。

愉快用餐，不强迫进食

给孩子营造轻松、愉快、舒适的进餐环境非常重要，可以提升孩子吃饭的乐趣，培养孩子良好的进食习惯。

◆进餐环境要安静、卫生，可以让孩子和大人一起吃饭，看到大人吃饭，可以增加孩子的进食兴趣；

◆给孩子准备他喜欢的餐椅和餐具，多样化、不同颜色和造型的食物；

◆让孩子主动进食，而不是为了完成吃饭任务，非常被动地进食，这可能让孩子失去吃饭的乐趣；

◆大人不要在吃饭时训斥孩子，让孩子保持心情愉快；

◆给孩子喂饭时不需要用言语诱导，总说话容易使孩子分心，从而形成"吃＋玩＋说话＝吃饭"的概念；

◆吃饭时不要用玩具、电视等作为诱导，以免分散孩子进食的注意力；

◆尊重孩子对食物的选择，耐心鼓励和协助孩子进食，但不能强迫孩子吃饭；

◆每次喂饭时间要控制在 30 分钟之内，没吃完也要结束，避免孩子产生厌恶情绪。

宝宝食物尽量不加调味品

辅食应保持原味，不加盐、糖及其他刺激性的调味品，保持清淡的口味。口味清淡的食物有利于提高婴幼儿对不同天然食物口味的接受度，减少偏食、挑食的风险。口味清淡的食物还可以减少调味料的摄入量，减少消化系统和肾脏的负担，并降低儿童期及成人期患肥胖、糖尿病、高血压、心血管疾病等的风险。

随着宝宝年龄的增长，也可以适当在食物中添加少量调味品，以增加宝宝的进食兴趣，让宝宝体味丰富多样的口味。下面介绍给宝宝制作食物时常见调味品的添加原则及方法，以确保安全喂养。

◗ 1岁以内不要额外加盐

1岁以内：饮食中不需额外加盐。只要正常进食，摄入奶类及其他辅食，就可以满足身体所需的钠。

1~2岁：仍然可以保持吃原味食物的习惯，如果在辅食中加盐，每天最好不要超过1克。

2~3岁：每天额外吃的盐不应超过2克，包括火腿、面包、零食等制作过程中额外加的盐。

4~5岁：每天食盐量不应超过3克。

如果宝宝在1岁以内被喂加了盐的辅食，已经养成了重口味，家长也不要操之过急，慢慢减少辅食中加盐的量，但不要一下就减去饭菜中的盐，否则宝宝突然吃没盐的食物，可能会变得不喜欢吃辅食。

◗ 宝宝是非常需要油的

满6个月添加辅食后，就可以给宝宝加"油"了。这里的油主要指植物油，植物油能为宝宝提供能量和必需脂肪酸。

根据中国营养学会的建议，在辅食中添加植物油，以富含 α-亚麻酸的植物油为首选，如亚麻籽油、核桃油、大豆油等。

不建议选用含 α－亚麻酸低的植物油，如玉米油、葵花籽油、橄榄油、花生油等。

　　一般来说，7～12个月的婴儿每天可摄入5～10克油脂；1～2岁的幼儿每天可摄入10～15克油脂；2～3岁的幼儿每天可摄入15～20克；4～5岁的儿童每天可摄入20～25克。

　　注意，推荐量是指吃进去的量，而不是烹调用量，一般烹调时用的量可以稍微多一些。

◗ 要不要加酱油和醋

　　在考虑要不要加酱油时，我们先了解一个概念，即5毫升酱油约等于1克盐。所以，1岁以内的婴儿不建议吃酱油，满1岁以后，可以加少量酱油，但同时要注意减少食盐的量。如果宝宝对大豆蛋白过敏，则不能加酱油。

　　至于醋，尚无权威机构给出婴幼儿和儿童每天摄入醋的建议。根据儿科专家的意见，我们建议宝宝2岁以后可以少量吃醋或更大一点儿再尝试。

 合理安排宝宝的零食

　　给婴幼儿供给适量的零食是必要的，对补充营养有帮助。婴幼儿的胃容量还小，容易填满，而胃内食物所提供的能量并不足以让宝宝维持到下一次进餐的时间，这就需要少吃多餐，适当给宝宝安排零食。

　　零食应尽可能与正餐相结合，以不影响正餐为前提，并遵循少量、营养、健康的原则，尽量选择营养密度高的食物，如奶制品、水果、蔬菜、蛋类、坚果等。给宝宝的零食不宜选用能量密度高的食品，如油炸食品、膨化食品，这类食品含有较多的脂肪，容易造成能量超标，而一些维生素和矿物质可能会摄入不足，从而造成"隐性饥饿"。

　　家长应控制宝宝吃零食的时间和量。一般来说，零食最好安排在两次正餐之间，量不宜多。睡前30分钟不要吃零食，以免影响睡眠；餐前1小时内不宜给宝宝吃零食，以免影响正常吃饭；也不能以零食代替正餐，否则不仅会导致营养素摄入不足，且不利于宝宝良好进食习惯的养成。市售儿童食品虽然品种繁多，口味诱人，但因含食品添加剂等成分较多而存在较大的健康隐患，应少给宝宝吃。家长可以选择在家自制零食，这样会更健康、更营养。

　　此外，宝宝吃零食前要洗手，吃完漱口；注意零食的食用安全，避免提供给宝宝整粒的豆类、坚果类食物等，以免引起宝宝呛咳。

引导宝宝学会自主进食

为了让宝宝学会自己吃饭，家长需要在其成长的不同阶段安排不同的辅食，并逐步引导宝宝学会自主进食。下面的一些方法和技巧可以帮助到广大家长朋友。

3 个原则非常重要　　定时定量进餐、固定进餐地点和环境、给宝宝合适的餐椅和餐具。这对于固定其作息规律，培养良好的饮食习惯是非常重要的。☑

及时给宝宝添加颗粒状食物　　根据宝宝口腔功能的发育情况及时改变辅食的性状，以锻炼宝宝的咀嚼能力。比如，在宝宝 9 个月左右的时候，要把泥糊状辅食逐渐过渡到粗颗粒状，让宝宝学习如何咀嚼；11 个月左右的时候，辅食中可以添加小块状食物。慢慢地，对于一些比较软的食物，宝宝就能学会自己咬断、咀嚼。☑

为宝宝引进"手指食物"　　宝宝 9 个月大的时候开始学会用手指捏取食物，并可以逐步精准地把食物送进嘴里。这两个精细动作对于锻炼宝宝自主进食是非常重要的。此后的几个月，家长可以给宝宝准备合适的手抓辅食，让宝宝"用手吃饭"。刚开始时，宝宝会因为动作不熟练，弄得到处都是，家长不要怕脏乱，也不要急着帮忙，让宝宝自己多尝试。☑

训练宝宝使用勺子　　"手抓饭"只是一个过渡阶段，更重要的是让宝宝学会用勺子吃饭。家长可以给宝宝提供一些机会，慢慢锻炼宝宝用勺子吃饭的能力。在喂辅食的过程中，宝宝有时候会伸手去抓勺子，这时你可以给宝宝一个勺子，让他自己体验一下。一开始不用着急，允许宝宝把勺子当作玩具来玩，目的是让他将勺子和吃饭建立起联系。在你继续喂他的过程中，他会有意识地进行模仿，尝试把勺子放进嘴里尝一下。一旦看到这个信号，就可以手把手教宝宝拿着勺子在食物里舀一勺食物，并放到嘴里，让他品尝食物的味道，进一步强化勺子和吃饭的关系。如此逐步地锻炼宝宝自己使用勺子吃饭的能力。一般在 2 岁之后，宝宝就可以独立用勺子吃饭了。☑

注重饮食卫生和进食安全

饮食卫生和进食安全对娇嫩的小宝宝来说至关重要，父母在喂养时应时刻关注细节，避免给宝宝带来健康隐患。

- 给宝宝的食物应该是新鲜、优质、无污染的，最好选用当季食材。
- 制作辅食前，家长需洗净双手，制作辅食的器具、场所应保持清洁。
- 辅食应煮熟、煮透。
- 枣、山楂、橘子等有核食物一定要去核，要把鱼刺剔干净。
- 制作的辅食应及时食用或妥善保存。
- 进餐前洗手，保持餐具和进餐环境清洁、安全。
- 婴幼儿进食时一定要有成人看护，以防发生进食意外。
- 宝宝吃东西时，不要逗弄、责骂、恐吓宝宝，以免宝宝因大哭或大笑时吸入异物。
- 颗粒较大的坚果、果冻等食物不适合婴儿食用。

定期监测生长指标

不论是母乳喂养还是配方奶喂养，再到以后添加辅食，评价喂养效果最好的方式是定期检测宝宝的生长指标，即利用生长曲线来连续观察宝宝的身长、体重等生长指标，了解生长变化的过程。疾病或喂养不当、营养不足会使婴儿生长缓慢或停滞。

6个月以内的婴儿，可每半月测一次身长和体重，病后恢复期可增加测量次数，并选用世界卫生组织的《儿童生长曲线》，判断婴儿是否得到正确、合理的喂养。母乳喂养的婴儿体重增长可能低于配方奶喂养儿，但只要处于正常的生长曲线轨迹，即是健康的生长状态。

满6月龄到2岁之间的婴幼儿，可每3个月检测一次身长和体重等生长指标，并根据指标变化及时调整营养和喂养策略。对于生长迟缓、超重肥胖以及处于急慢性疾病期间的婴幼儿应增加监测次数。

2岁到3岁的幼儿可每半年或一个季度测一次生长指标。

另外，婴幼儿生长存在个体差异，也有阶段性波动，家长不要以某一时间段内的波动给孩子定性，也不必互相攀比生长指标。

Part 2

母乳喂养，
天然哺育更安心

　　纯母乳喂养的妈妈们总会担心宝宝吃不饱，单靠母乳营养摄取不全面，其实大可不必忧虑。母乳喂养是最健康、便捷的喂养方法，母乳是适合宝宝生长发育最理想的食品。当然，一心扑在宝宝身上的哺乳妈妈们，也不要忽视了自己的营养需求哦。

坚持6月龄内纯母乳喂养

母乳天然、营养、卫生、安全、方便，能给予宝宝丰富的营养，让宝宝身心得到舒展和滋养。每一位妈妈都应尽自己最大的能力坚持母乳喂养，并至少要保证纯母乳喂养至宝宝6个月，如果有条件，母乳喂养可持续到宝宝2岁。

母乳可满足6月龄内宝宝的营养需求

母乳具有生物学特性，其含有的营养物质可以满足婴儿出生后6个月内生长发育所需的全部液体、能量和营养素。

●初乳中含有丰富的抗体、免疫活性等物质，可增加婴儿抵抗疾病的能力。
●母乳中含有的丰富蛋白质、乳糖以及脂肪酸等有益成分，有助于促进宝宝免疫系统的成熟，且对宝宝大脑和智力发育有促进作用。
●和非母乳喂养的宝宝相比，母乳喂养的宝宝发生过敏、消化不良、便秘、腹泻、感染性疾病等的概率较低。
●坚持更长时间的纯母乳喂养，宝宝成年后患代谢性疾病，如肥胖、高血压、高血脂、糖尿病、冠心病的概率明显下降。
●母乳温度、吸乳速度合适，可随时哺喂，方便又卫生。
●母亲哺乳时的环抱形成了类似子宫里的环境，让宝宝有一种安全感。

从按需哺乳逐步过渡到规律喂养

母乳喂养时应顺应婴儿胃肠道成熟和生长发育的过程，从按需喂养模式逐步过渡到规律喂养，建立规律哺喂的良好习惯。

Part 2 母乳喂养，天然哺育更安心 017

⏺ 3 月龄以内的宝宝提倡按需喂养

3 个月以内的婴儿胃容量较小，每次喝奶量并不是很多，但由于生长发育速度较快，对营养的需求量又较大，所以妈妈应该及时哺喂，不需要规定宝宝必须每隔几小时才能喂一次，只要宝宝想吃时就喂。婴儿在刚出生的一段时间内每天喂奶次数一般可达 10 次以上，最少不会少于 8 次。

如果硬性规定喂奶的时间，容易使宝宝得不到满足，从而影响生长发育。比如，如果规定的喂奶时间是宝宝将要入睡的时间，就会减少授乳量，使宝宝无法摄入足够的营养；当宝宝饿了，又未到规定的喂奶时间时，宝宝就会哭闹。这样对宝宝的发育极为不利。

⏺ 逐步建立规律哺喂的良好习惯

经过一段时间的喂养后，婴儿就会自然而然地形成喝奶的规律。婴儿出生后 2～4 周就基本建立起自己的进食规律，妈妈应明确感知其进食规律的时间信息。随着月龄的增加，婴儿的胃容量逐渐增加，单次授乳量也随之增加，哺喂间隔则会相应延长，喂奶次数减少，逐渐建立起规律哺喂的良好饮食习惯。

如果婴儿哭闹明显不符合平时进食规律，家长应引起重视，考虑非饥饿原因，如肠胃不适等，并及时就医。

新手妈妈哺乳须知

新手妈妈刚开始喂奶时，有很多需要注意的地方。了解以下注意事项，可以让妈妈的哺乳过程更舒适，宝宝也能吃得更满足。

⏺ 哺乳前做好准备

新妈妈不妨在哺乳前花几分钟做些细小的准备工作，可以让哺乳更加顺利地进行。

◆准备专用的哺乳文胸，要求能方便放置防溢乳垫、背部面积大、宽肩带、型号稍大一点儿，这样才方便哺乳。

◆在喂奶之前洗净双手，用温湿毛巾擦拭乳头及乳晕，并用手轻轻按摩，使乳腺充分扩张。

◆准备一个吸奶器，在宝宝吃奶后吸出剩余的乳汁，这样更有利于乳汁分泌，

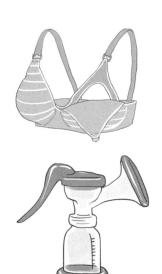

且有利于乳房保健。

◆准备两片防溢乳垫，防止哺乳时另一侧乳房溢出乳汁。

◆准备一块干净的尿布或纸尿裤，防止宝宝吃奶时尿尿或排大便。

◆为了让哺乳时更舒适，可以准备一个脚凳或几个靠垫。脚凳可以用来支撑双腿，靠垫可以放在背后或手肘下。

◉ 选对哺乳姿势

哺乳姿势没有固定标准，只要在哺乳过程中，宝宝能顺利吃到奶，妈妈和宝宝都感觉舒服，就是合适的姿势。以下几种姿势在哺乳过程中较常用到，新手妈妈可根据自己的身体状况合理选择。

摇篮式 经典、常用的哺乳姿势，适用于足月婴儿，而且喂奶方便。妈妈取坐姿，将宝宝抱在怀里，用一只手臂的肘关节内侧和手支撑住宝宝的头和身体，另一只手托着乳房，将乳头和大部分乳晕送到宝宝口中。

交叉摇篮式 与摇篮式类似。如果妈妈用左侧乳房喂奶，就用右手和右臂抱住宝宝，左手可以自由活动，帮助宝宝更好地吮吸。右侧同理。这种姿势能够让妈妈更清楚地看到宝宝吃奶的情况，适用于早产或吃奶有困难的宝宝。

橄榄球式 把宝宝夹在腋下抱着，就像抱着橄榄球一般。利用枕头调整高度。这种姿势适合剖宫产和侧切的新妈妈，对伤口恢复有利。

侧卧式 妈妈和宝宝面对面躺着，身贴身。如果宝宝在妈妈的左边，那么妈妈就用左边胳膊支撑起自己的身体面向宝宝，另一只手扶着宝宝，帮助宝宝吃奶。反之亦然。侧卧式可以让新妈妈得到更多的休息，适用于剖宫产妈妈。

平躺式 适合双胞胎哺乳。妈妈平躺于床上，头部和肩膀各垫上一个枕头。两只胳膊分别搂住两个婴儿，宝宝们的身体叠在母亲身上，他们的膝盖在中间会合。

🌀 让宝宝正确含住乳房

正确的含乳姿势是保持妈妈的乳头及大部分乳晕充满宝宝的整个嘴巴，宝宝的下唇向后翻卷，嘴巴周围的肌肉也会有节律地收缩，吮吸乳汁时脸蛋会鼓起。

让宝宝轻松含住乳晕的小窍门：妈妈先用手指或乳头轻触宝宝的嘴唇，他会本能地张大嘴巴，寻找乳头。这时，新妈妈可用拇指顶住乳晕上方，用其他手指和手掌在乳晕下方托住乳房，趁宝宝张大嘴巴，直接把乳头和乳晕送进宝宝的嘴巴。一旦确认宝宝含住乳晕，就抱紧宝宝，并温柔地注视他，鼓励他吃奶。

🌀 吃奶时别忘了协助宝宝呼吸

哺乳时，宝宝的下巴应紧贴妈妈的乳房，鼻子轻触妈妈的乳房。这样宝宝的呼吸是通畅的。如果妈妈的乳房阻挡了宝宝的鼻孔，可以用一手拇指轻轻下压乳晕，其他四指并拢，与拇指呈"C"字形，从下面托起乳房，从而协助宝宝呼吸。

🌀 喂完奶要拍嗝

月龄较小的宝宝还没有吞咽能力或吞咽能力尚未发育完全，所以每次喂完奶后，妈妈都要竖起宝宝或让宝宝趴在腿上，在宝宝背上轻拍，让宝宝打出嗝，确认宝宝已经把乳汁咽进去。

🌀 掌握宝宝想要吃奶的信号

◆哭闹。哭闹不一定代表宝宝饿了，但饥饿往往是宝宝哭闹的大部分原因。

◆宝宝想吃奶时，会用小嘴寻找乳头，当妈妈把乳头送到他嘴边时，他会迫不及待地吮吮乳头。

◆宝宝饿时吃奶通常会非常认真，吮吮很有力量，不易被周围的动静打扰。

◆妈妈奶水饱胀通常也是宝宝想要吃奶的信号。

🌀 了解宝宝吃饱的信号

◆哺喂前乳房饱满，哺喂后变软，说明奶水大部分被宝宝吸走了。

◆宝宝吃得漫不经心，吮吮力度慢慢变弱，甚至自己松开乳头。

◆边吃边玩，比如用小舌头把妈妈的乳头顶出来，放进去，再顶出来。

◆宝宝吃饱后通常表情满足且有睡意，或是能一个人安静地玩耍一段时间。

◆有一点儿动静就停止吮吮，甚至放开乳头，转头寻找声源。

配方奶——无奈的选择

母乳是 6 月龄内婴儿的最佳食品，然而并不是所有的宝宝都那么幸运，能够享受纯母乳喂养。那些不能实现纯母乳喂养的妈妈只能采取其他喂养方式——配方奶喂养或母乳与配方奶混合喂养。

 需要进行配方奶喂养的情况

一般来说，出现以下情况，建议选用适合 6 月龄内的婴儿配方奶喂养：

● 婴儿患有半乳糖血症、苯丙酮尿症、严重母乳性高胆红素血症。

● 母亲患有 HIV 和人类 T 淋巴细胞病毒感染、结核病、水痘-带状疱疹病毒感染、单纯疱疹病毒感染、巨细胞病毒感染、乙型肝炎和丙型肝炎病毒感染期间，以及滥用药物、大量饮用酒精饮料和吸烟、癌症治疗和密切接触放射性物质等。

● 经过专业人员指导和各种努力后，乳汁分泌仍不足。

如果妈妈有条件，不建议 6 月龄前放弃母乳喂养而选择配方奶喂养。虽然婴儿配方奶是以母乳为蓝本制作而成，但依然不能与母乳相媲美，只能作为不能母乳喂养的无奈选择，或母乳不足时对母乳的补充。

 给宝宝选择合适的配方奶

留意奶粉外包装的产品信息　正规厂家生产的产品应该包装完整无损、图案清晰、印刷质量高，还应标有商标、生产日期、净含量、生产厂名、生产批号、营养成分表、执行标准、食用方法、商品条码等。选购时要特别关注保存期限和产品生产许可证编号。

根据适用对象选择配方奶粉

一般来说，大多数宝宝都喝普通配方奶粉，以牛奶或羊奶为原料制作而生。早产儿和低出生体重儿可以选择专门为他们设计的配方奶粉。由于生理情况的特殊性，有的宝宝需要食用经过特殊加工处理的配方奶粉，如乳糖不耐受的宝宝可以选择无乳糖配方的奶粉；如果宝宝对牛奶过敏，可以选择奶粉包装说明上标明了"低过敏"和"水解蛋白质"的低过敏奶粉；经医生诊断为缺铁的宝宝，则可以选择强化铁配方奶粉。此类配方奶粉需经儿科医生、营养师指导和建议后，才可食用。

根据月龄选择配方奶粉

不同年龄段的宝宝应选择不同段位的奶粉，这样才能满足宝宝各发育阶段的营养需求。目前市场上配方奶粉常规的分段法是：一段奶粉，适合 0 ~ 6 个月的婴儿；二段奶粉，适合 6 ~ 12 个月的婴儿；三段奶粉，适合 1 ~ 3 岁的幼儿。不过，各个品牌的奶粉分段也会有些微的差异，家长在选购时，一定要看清楚奶粉罐上的段位标注，特别是从国外代购奶粉时，更应仔细查看。

正确冲调配方奶

一般来说，冲调奶粉时最好用奶粉自带的定量勺来舀奶粉，水量也要按照奶粉包装上的说明来加。这样冲出来的奶水浓度才适合宝宝。

根据奶粉罐上的说明，一般是先加水后加奶粉，最后按加水后的奶量记录宝宝的实际摄入量。

冲调奶粉最好用纯净水，不要用矿泉水，因为奶粉冲调过程中不需添加额外的矿物质，尤其是 6 月龄内的小宝宝。冲调奶粉的水温不应超过 60℃，最好为 40℃。如果没有特殊情况，奶粉中不额外加糖、药或其他物品。

即使是配方奶喂养，妈妈也应尽量亲自给宝宝喂奶，宝宝闻着妈妈熟悉的味道，感受着来自妈妈的爱意，会更安心、更有安全感，从而能够更好地进食，也更利于宝宝的心理健康及身体发育。

哺乳妈妈的营养需求

　　哺乳妈妈的营养状况是泌乳的基础，如果哺乳期营养不足，将会减少乳汁分泌量，降低乳汁质量，并影响母体健康。整个哺乳期，妈妈都要做到多样化饮食、合理膳食，以保证摄取均衡的营养，促进自身和宝宝的健康。

 哺乳妈妈需重点补充的营养素

营养素	补充建议
热量	每合成 100 毫升乳汁约需 380 千焦的热量，如果哺乳妈妈每天分泌 800 毫升乳汁，每天则额外需要补充 3000 千焦的热量。
优质蛋白质	哺乳妈妈膳食蛋白质每日推荐摄入量应在一般女性基础上增加 25 克。鱼、肉、蛋、奶及大豆类食物是优质蛋白质的良好来源。
钙	哺乳妈妈每日钙的推荐摄入量为 1000 毫克。可多吃深绿色蔬菜、豆制品、虾皮、鱼、奶等含钙丰富的食物。为增加钙的吸收和利用，还应补充维生素 D 或多做户外活动。
铁	2 岁以内的婴幼儿是比较容易患缺铁性贫血的。哺乳妈妈每天铁的推荐摄入量为 28 毫克，并根据宝宝是否缺铁而适当增减摄入量，必要时可遵医嘱补充铁剂。
碘	碘对婴幼儿脑神经的生长和智力提高十分重要，世界卫生组织建议哺乳妇女每日摄碘量不低于 200 微克。
维生素 A	哺乳妈妈维生素 A 推荐摄入量比一般成年女性增加 600 毫克／天。动物肝脏中含有丰富的维生素 A，可每周吃 1 ～ 2 次猪肝或鸡肝。
维生素 D	推荐哺乳妈妈每天补充维生素 D 的摄入量为 200 ～ 400 国际单位，可通过鱼肝油、维生素 D 制剂补充，同时多晒太阳。
水	水与乳汁的分泌密切相关，哺乳妈妈每天要保证喝 6 ～ 8 杯水，同时多喝汤、牛奶等含水分多的食物。

哺乳妈妈的饮食要点

哺乳妈妈的饮食需营养全面，保证适当热量的供给，以提供给宝宝足够的营养，同时支持妈妈完成哺乳。

膳食多样化　哺乳妈妈吃的食物应该尽量做到种类齐全，蔬菜、水果、肉、鱼、豆制品等各类食物都要吃，不要偏食，并注重食物的粗细搭配、荤素搭配，以保证摄入全面、足够的营养素。

多喝汤汤水水　汤汤水水有利于分泌乳汁，除了要多喝汤水外，哺乳期女性每日还需摄入 2700 ~ 3200 毫升的水分，可通过牛奶、水等补充。

重视蔬菜和水果的摄入　新鲜蔬菜、水果中含有丰富的水分、多种维生素、纤维素等，可预防便秘，促进乳汁分泌，是其他食物不能代替的。

多吃健脑食品　婴幼儿期是宝宝大脑发育的关键期，妈妈要多食用健脑食品，以保证母乳能为宝宝大脑发育提供充足的营养。具有健脑功能的食品有：动物脑、肝、血，鱼、虾、鸡蛋、牛奶、各类豆制品、芝麻、花生、核桃，胡萝卜、菠菜等。

牢记饮食禁忌　哺乳期不宜吃韭菜、麦芽等可能抑制乳汁分泌的食物；酒精、咖啡、茶及辛辣刺激性食物也要避免摄入；如果宝宝有过敏现象，哺乳妈妈要审视自己的饮食，避免摄入会引起宝宝过敏的食物。

哺乳妈妈一日饮食推荐

- 谷类 250 ~ 300 克，薯类 75 克，杂粮不少于主食的 1/5
- 蔬菜 500 克，绿叶蔬菜和红黄色蔬菜占 2/3 以上
- 水果类 200 ~ 400 克
- 鱼、禽、肉、蛋类（含动物内脏）约 220 克
- 牛奶 400 ~ 500 毫升
- 大豆类 25 克
- 坚果 10 克
- 烹调油 25 克
- 食盐 5 克

🥕 **美味催乳食谱推荐**

扫扫二维码
轻松同步做美味

清炖猪蹄

◗ **原料**　猪蹄块 400 克，水发芸豆 100 克，姜片少许

◗ **调料**　盐 2 克，胡椒粉 3 克

◗ **做法**

1　锅中注入适量清水烧热，放入处理干净的猪蹄块，煮约 3 分钟至沸腾，撇去浮沫。

2　放入姜片、泡发好的芸豆，搅匀。

3　加盖，用大火煮开后转小火炖 90 分钟至食材熟软。

4　揭盖，加入盐、胡椒粉，搅匀调味。

5　关火后盛出汤，装碗即可。

丝瓜虾皮汤

◗ **原料**　去皮丝瓜 180 克，虾皮 40 克

◗ **调料**　盐 2 克，芝麻油 5 毫升，食用油适量

◗ **做法**

1　洗净去皮的丝瓜切段，改切成片，待用。

2　用油起锅，倒入丝瓜，炒匀。

3　注入适量清水，煮约 2 分钟至沸腾。

4　放入虾皮，加入盐，稍煮片刻至入味。

5　关火后盛出煮好的汤，装入碗中，淋上芝麻油即可。

扫扫二维码
轻松同步做美味

花生鲫鱼汤

🌙 **原料**　鲫鱼 250 克，花生米 120 克，
姜片、葱段各少许

🌙 **调料**　盐 2 克，食用油适量

🌙 **做法**

1 用油起锅，放入处理好的鲫鱼，用小
火煎至两面断生，注入适量清水，放
入姜片、葱段、花生米。

2 盖上盖，烧开后用小火煮约 25 分钟
至熟。

3 揭开盖，加入少许盐，拌匀，煮至食
材入味。

4 关火后盛出即可。

扫扫二维码
轻松同步做美味

红枣小米粥

🌙 **原料**　水发小米 100 克，红枣 100 克

🌙 **做法**

1 砂锅中注入适量清水烧热，倒入洗净
的红枣。

2 盖上盖，用大火煮约 10 分钟，至其
变软。

3 揭盖，关火后捞出煮好的红枣，放在
盘中，放凉待用。

4 将凉凉后的红枣切开，取果肉切碎。

5 砂锅中注水烧开，倒入小米，盖上盖，
煮约 20 分钟。

6 揭盖，倒入切碎的红枣，搅散、拌匀，
略煮一小会儿，关火后盛出即可。

扫扫二维码
轻松同步做美味

扫扫二维码
轻松同步做美味

鱼蓉瘦肉粥

🔘 **原料**　鱼肉 200 克，猪肉 120 克，核桃仁 20 克，水发大米 85 克

🔘 **做法**

1 蒸锅上火烧开，放入备好的鱼肉，用中火蒸约 15 分钟，取出，放凉待用。

2 将核桃仁拍碎，切成碎末；猪肉剁成碎末；鱼肉去刺，将鱼肉压碎。

3 砂锅中注入适量清水烧热，倒入猪肉、核桃仁，拌匀，用大火煮沸。

4 撇去浮沫，放入鱼肉、大米，拌匀。

5 盖上盖，烧开后用小火煮约 30 分钟至食材熟透；揭开盖，搅拌均匀，关火后盛出即可。

扫扫二维码
轻松同步做美味

虾仁蔬菜稀饭

🔘 **原料**　虾仁 30 克，胡萝卜 35 克，洋葱 40 克，秀珍菇 55 克，稀饭 120 克，高汤 200 毫升

🔘 **调料**　食用油适量

🔘 **做法**

1 锅中注水烧开，倒入洗净的虾仁，煮至虾身弯曲，捞出，放凉待用。

2 将洗净的洋葱切成小丁，虾仁切碎，胡萝卜切成丁，秀珍菇切细丝。

3 用油起锅，倒入洋葱，炒香，放入胡萝卜、虾仁、秀珍菇，炒匀，倒入高汤，加入稀饭，拌匀、炒散。

4 盖上盖，煮约 20 分钟至食材熟透；揭盖，搅拌匀至稀饭浓稠，盛出即可。

藕汁蒸蛋

🌙 **原料**　鸡蛋120克，莲藕汁200毫升，葱花少许

🌙 **调料**　盐、芝麻油各适量

🌙 **做法**

1 取一个大碗，打入鸡蛋，搅散。
2 倒入莲藕汁，搅拌匀，加入少许盐，搅匀调味。
3 将拌好的食材倒入备好的蒸碗中。
4 蒸锅上火烧开，放上蛋液。
5 盖上锅盖，大火蒸12分钟至熟。
6 掀开锅盖，取出蒸蛋。
7 淋入少许芝麻油，撒上葱花即可食用。

麻油鸡

🌙 **原料**　鸡胸肉350克，鲜香菇30克，姜片少许

🌙 **调料**　盐、鸡粉各1克，芝麻油适量

🌙 **做法**

1 将洗净的鸡胸肉横刀从中间切成两片，两面各划上"一"字刀且不切断。
2 洗好的香菇去蒂，切成两块，待用。
3 锅中倒入芝麻油烧热，将鸡胸肉煎至两面焦黄后盛出，放凉后切块。
4 砂锅置火上，注入适量清水，放入姜片、鸡胸肉块、香菇，搅匀。
5 加盖，煮约20分钟至食材熟软。
6 揭盖，加入盐、鸡粉，拌匀调味，稍煮片刻至入味，关火后盛出即可。

扫扫二维码
轻松同步做美味

Part 3

辅食添加，
让宝宝爱上吃饭

为了让宝宝顺利接受并爱上辅食，妈妈要用心学习一些辅食添加的基础知识，包括辅食添加的基本原则、辅食食材选择的注意事项和辅食制作的基本知识等，并掌握一些让宝宝爱上吃饭的小窍门，这样可以让辅食添加进行得更科学、更顺利。

0-3岁宝宝辅食添加的基本方法

辅食添加应遵循少量、简单的原则进行，一种一种、一勺一勺地喂给宝宝。其间，应仔细观察宝宝的接受情况，以便随时调整添加方案。

先添米粉，再吃蔬菜和肉类

首次添加辅食，应从强化铁的婴儿营养米粉开始，在此基础上再添加其他食材，如菜泥、果泥、蛋黄泥、肉泥。可以将这些食物混入米粉喂食，营养也会相对丰富和均衡。

由一种到多种

刚开始时，一次只添加一种新食物，连喂3~5天后，如果宝宝接受良好，一周后，可以再添加另一种新食物，如此逐步达到食物多样化的目的。千万不要让宝宝一次吃几种新食物，容易导致宝宝出现不耐受现象，增加喂养难度。

从少量到多量

宝宝的胃容量小，食量也小，一开始每天喂一次辅食，然后逐渐增至一天2次、一天3次；量也应从1小勺逐渐增至2小勺、一小碗、半碗、大半碗。其间，家长应随时观察宝宝的情绪状态、大小便的性状、体重和身长指标等，来调整喂养策略。

从稀到稠、从细到粗

同一种食物，要随着宝宝月龄逐渐增长而做成不同形态，呈现出不一样的黏稠度和颗粒大小。比如，开始添加的辅食最好是不用咀嚼、方便吞咽、易消化的稀糊，打碎的菜泥；然后是需要咀嚼的软固体食物，比如碎蔬菜、碎肉末；再过渡到需要仔细咀嚼的固体状食物，比如较大颗粒的肉末。这样做是为了适应宝宝的胃肠功能和锻炼宝宝的咀嚼能力。

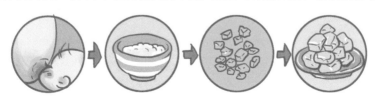

辅食食材的选择要点

在给宝宝做辅食时，爸爸妈妈总会面临这样或那样的问题，比如，怎么为宝宝挑选合适的食材？选择自己在家做，还是直接购买市售婴儿食品？哪些食品宝宝是不能吃的？等等。了解一些选购原则和技巧，既可以方便妈妈制作辅食，又能为宝宝的健康加分。

 适合宝宝辅食的当季食材

当季食材不仅新鲜、味道纯正，利于健康，且价格便宜、易采购，可作为宝宝辅食的首选。

适宜多吃的当季食材	
春季	小白菜、上海青、菜薹、豌豆苗、卷心菜、韭菜、菠菜、芹菜、茼蒿、莴笋
	草莓、菠萝、杧果、桑葚、山竹、樱桃（春末夏初）
	鳜鱼、鲈鱼、牡蛎、鲤鱼、鲫鱼、黄鳝
夏季	黄瓜、丝瓜、冬瓜、南瓜、苋菜、空心菜、西红柿、茄子、豇豆、四季豆、蚕豆、豆芽菜
	哈密瓜、香瓜、西瓜、樱桃、桃子、李子、葡萄
	黄花鱼、多宝鱼、三文鱼、鲈鱼、鲥鱼、虾
秋季	莲藕、板栗、扁豆、胡萝卜、白萝卜、花菜、平菇、金针菇、山药、百合、黄豆
	橘子、梨、苹果、猕猴桃、鲜枣、柚子、火龙果、石榴
	草鱼、泥鳅、鲢鱼、鲫鱼、虾
冬季	西蓝花、莲藕、大白菜、胡萝卜、白萝卜、芥蓝、荸荠、攸麦菜、菠菜、芹菜、土豆、红薯
	橙子、橘子、甘蔗、香蕉
	小黄鱼、鲫鱼、鳝鱼、草鱼

适当运用市售的婴儿食品

用市售的婴儿食品做辅食，十分省事。除了可以缩短制作时间外，还能让过于单调的辅食食谱大变身，让宝宝更爱吃饭。而且，大多数市售婴儿辅食的生产受到严格的质量监控，其营养成分和卫生状况得到了保证。

● 没有时间为宝宝准备辅食，或想要快速做好辅食时，可以选择婴儿食品。

● 初为人母，通常难以把握食物的软硬度和滑溜度，若以婴儿食品为范本，比较容易找到感觉。

● 有些食材宝宝不爱吃，但是做成婴儿食品后再拌入其他食材中，宝宝通常比较容易接受。

● 婴儿食品通常由多种食材制作而成，营养较为均衡，可以针对性地选择婴儿食品，为宝宝补充易缺乏的营养素。

● 带宝宝外出时，若选择方便携带的瓶装食物或软罐头，不需要加热便能喂宝宝，十分方便。

● 当宝宝出现发热、咳嗽等不适时，可选择婴儿食品，既卫生又易于消化吸收。

市售的婴儿食品通常有冷冻干燥食品、粉末状的食品、薄片装食品、软罐头以及瓶装食品等类型，家长可以根据宝宝的发育特点和喜好来选购，制作时按照包装上的说明进行即可。

市售的婴儿食品虽然方便，但不能完全代替家庭自制的婴儿辅食。因为市售的婴儿辅食没有各家各产的特色风味，当宝宝逐渐长大，还是要吃家庭自制的食物，适应家庭的口味。

蛋黄不是宝宝辅食的首选

很多家长尤其是家中老人，习惯把鸡蛋黄作为给小宝宝尝试的第一种辅食，其实不妥。鸡蛋在婴幼儿生长发育过程中确实有着非常重要的作用，但不建议作为辅食的首选。刚满6月龄的宝宝，肠胃还很虚弱，摄入鸡蛋黄容易引起消化不良、食物过敏等。

如果宝宝进食及发育状况良好，家长可以将进食鸡蛋黄的时间安排在 8 个月前后，首次添加时应少量，从 1/8 个蛋黄到 1/4 个蛋黄，再到 1/2、3/4，直到添加整个蛋黄，给宝宝肠胃一个适应的过程。满 1 周岁以后，就可以给宝宝吃全蛋了。

不给 1 岁以内的宝宝喝鲜奶

美国儿科学会建议，宝宝满 1 岁就可以喝鲜奶了。1 岁以前不推荐喝鲜奶，因为鲜奶中含有的钠和蛋白质太多，会给宝宝的肾脏增加负担，且其中铁含量不足，作为营养来源会导致宝宝贫血。

鲜牛奶和纯牛奶是比较适合幼儿的乳品选择。全脂奶的口感和味道更好，且其中含有的脂肪对宝宝大脑发育非常重要，除非存在超重或有超重可能，或是有医生不建议，否则 2 岁以前的宝宝都应该喝全脂奶。

市面上的很多儿童牛奶由于添加了糖、香精等成分，宝宝确实更爱喝，但营养成分相对不足，不推荐购买。

不要给 1 岁以内的宝宝吃蜂蜜

不要给 1 岁以内的宝宝吃蜂蜜及其制品，1 岁以上的宝宝就算吃也要控制量，偶尔作为调味加一点儿还可以，但不能过多，否则很可能对宝宝的健康造成伤害。

这是因为，蜜蜂在采取花粉酿蜜的过程中，很可能会把被肉毒杆菌污染的花粉和蜜带回蜂箱，所以蜂蜜中含有的肉毒杆菌芽孢非常高。而肉毒杆菌的芽孢适应能力很强，在 100℃的高温下仍然可以存活。宝宝的抵抗力较差，非常容易使入口的肉毒杆菌在肠道中繁殖，并产生毒素，而宝宝肝脏的解毒功能又差，从而引起肉毒杆菌性食物中毒，出现便秘、疲倦、食欲减退等症状，还会影响宝宝的脑部发育。

让宝宝远离加工食品

最好不要给宝宝吃太多甜食、饮料以及火腿肠、罐头等加工食品，因为这类食品当中所含的人工添加剂可能会造成宝宝肾脏的负担，并导致易怒、注意力不集中等症状，部分添加物还会引发气喘等过敏反应，甚至可能影响脑部发展，造成多动症。因此，不管是小宝宝或大一点儿的孩子，都应该少吃为佳。

0-3岁宝宝辅食制作的基础知识

为宝宝制作辅食，合适的制作工具和宝宝辅食餐具都是必不可少的。另外，怎么才能高效地处理食材，并制作出适于宝宝食用且营养丰富的辅食，也是爸爸妈妈需要考虑的问题。下面我们就来一一探讨。

选择合适的制作工具

合适的工具可以用来处理不同类型的食材，并将食材处理成适合宝宝食用的大小、分量，是制作宝宝辅食的小帮手。

◆食物料理机

用来榨蔬果汁，或者将食物磨成泥，还可以将芝麻、核桃等磨成粉。

◆研磨钵

将食材切成小块，放进研磨钵中捣成泥或磨成粉。

◆滤网

用于将食物中太粗的颗粒或渣滓过滤掉。

◆量匙

用于测量辅食的量，应准备不同度量的量匙。

◆磨泥板

用来处理根茎类食材，可将食材磨成碎末。

◆分蛋器

可将蛋黄和蛋清轻松分开。

◆削皮器

用于削去一些蔬菜或水果的外皮。

◆食物剪

将肉或面条等剪成合适的大小。

◆刀具

宜准备专用刀具，生熟食物分开用。

◆砧板

处理宝宝的食材最好用专用砧板，且要常清洗、常消毒。

食物保鲜工具不可少

宝宝一次吃的分量很小，妈妈每次可以适当多做一些，但要注意保存好。

◆**制冰盒**

可以用来冷冻保存多余的辅食，最好买有附盒盖的。

◆**保鲜盒**

用于保存多余的辅食，最好标注日期。

◆**保温罐**

带宝宝外出时，将辅食放入保温罐中，便于携带，且保温
效果较好。

给宝宝选择合适的辅食餐具

小宝宝长到一定的阶段，就会想"自己试试看"。给宝宝准备合适的辅食餐具，可以启
发宝宝学会"拿"与"握"，训练其吃饭的能力。

◆**吸盘碗**

碗的底部有吸盘设计，能够将碗固定在餐桌上，可以避免宝宝
在吃饭时打翻饭碗。

◆**硅胶勺子**

勺子勺头以硅胶为原料，无毒无味、耐高温、质地柔软，不会
伤害到宝宝的口腔。

◆**学饮杯**

适于宝宝学习饮水用，杯身带有刻度，随时把握饮水量。

注意： 婴儿餐具宜选择颜色浅、形状简单、花色较少的，这样更容易发现餐具上的污渍，便
于清洗和消毒；碗、勺应选择重量轻、符合宝宝年龄段的，让宝宝能轻松将食物送入口中；材质宜
选用耐高温、无毒害物质、不易碎的。

掌握辅食烹调的基本技巧

根据不同的食品种类，采用搅拌、捣碎、熬煮等针对性的烹调法，可以高效处理食材，并减少营养素的流失。

🥕 去皮

制作辅食前，首先要做的就是去皮、去籽，掌握一些小技巧，去皮更轻松。比如，西红柿去皮，可用刀在顶部画"十"字，然后放入开水中来回翻转几次，取出剥皮即可；苹果、土豆等则可直接用削皮器去皮；鱼肉可以蒸（煮）熟后再去皮、剔刺。

🥕 擦碎、捣碎

辅食添加初期，将材料进行捣碎工作是基本的步骤。可以将根茎类食材焯水后用磨泥板擦碎；也可以将煮熟的南瓜、土豆等放入研磨钵中，趁热捣碎；菠菜等叶菜类则焯水后取嫩叶切碎，再用料理机搅拌。

🥕 烫、煮

宝宝的食物一定要煮熟、煮透，尤其是肉类。一般，根茎类要用冷水煮，并煮熟；叶菜类要用开水煮，烫软后就可以捞出来再加工后食用；肉类包括鱼肉，最好放到开水中煮熟，然后捞出捣碎或搅拌。

🥕 熬汤料

宝宝的辅食最好不添加任何调味料，但可以用猪骨、海带、鱼、菌菇类等食物熬煮的汤来增加味道。汤料既可以用来做汤头，也可以用来冲调研磨后的干燥食物，而且容易消化吸收。

合理烹调，留住营养

宝宝的辅食不仅要保证色、香、味俱佳，更重要的一点是要最大程度保留住食物的营养。家长在给宝宝制作辅食时，要注意掌握一些烹调注意事项，确保合理烹调。

◑ 米、面等主食

淘米时，随着淘米次数、浸泡时间的增加，米、面中的水溶性维生素和矿物质容易受到损失；熬粥的时间太长、蒸馒头加碱，可使其中的 B 族维生素和维生素 C 遭到破坏；很多油炸食品，如油条、炸馒头、炸薯条等，经过高温油炸，营养成分基本已损失殆尽。总之，在制作米、面等主食食品时，以蒸、煮较好，避免油炸，但需注意，不能长时间熬煮，以减少营养素的损失。

◑ 蔬菜

蔬菜中含有丰富的水溶性 B 族维生素、维生素 C 和矿物质，如烹调加工方式不当，这些营养素很容易被破坏而损失。

◆清洗蔬菜应用冷水，清洗时间要短，不能浸泡或长时间搓洗。

◆蔬菜应先洗后切，先切后洗会使水溶性维生素和矿物丢失。

◆整根绿叶菜应在沸水中焯后再剁碎。

◆胡萝卜素是一种脂溶性维生素，在做给宝宝吃时，可以在其中加入少许橄榄油，也可以不加油，仅在胡萝卜泥中拌入少许奶粉。

◆如果要在面条、粥中加入青菜，应在基本做熟后，加入焯后并剁碎的蔬菜，加入蔬菜后要尽快出锅，以免青菜内营养损失。

◆在宝宝的咀嚼能力增强以后，可以选用橄榄油大火快速煸炒绿色蔬菜，营养素保存更好。

◑ 肉类

由于婴儿磨牙少，咀嚼能力较弱，在磨牙出来之前，肉类最好加工成泥糊状。可以将肉泥与米粉、米粥或面条混合，再配上一些蔬菜泥给宝宝食用，可以最大化体现营养价值。随着宝宝咀嚼能力增强，可以将肉做成肉丁、小粒肉块给宝宝食用，肉丁、肉块应尽量采用蒸、煮的方式，以更好地保留营养。

让宝宝爱上吃饭的小窍门

宝宝能好好吃饭是为人父母最在意的事。不过，宝宝接受辅食需要一个过程，爱上吃饭更不是一朝一夕就能完成的事。掌握一些小窍门，可以帮助宝宝更顺畅地接受辅食，吃起来也更"有味"，爸爸妈妈可以多多借鉴。

食材处理得当

由于婴幼儿的口腔小、牙齿咀嚼功能弱，制作辅食时，应将食材处理成合适的大小、长短，并煮至适当的软硬度，这样宝宝更容易接受。

很多蔬菜有一种天然的草味，鱼肉海鲜则有一股特有的腥味，这些都很容易导致宝宝不爱吃。家长可尽量把蔬菜或鱼肉海鲜剁得细碎，或是切成小丁，混入宝宝能接受的其他食材，做成水饺、馄饨、包子等，宝宝就容易接受；还可以通过调味来改善，如加入番茄酱、蛋黄酱等。

另外，把食材做成漂亮的颜色、可爱的图案和别出心裁的造型，也可以让宝宝更喜欢吃饭。

满足宝宝的心理需求

宝宝大多喜欢和父母一起吃饭，喜欢漂亮、趁手的餐具，家长可以从这些方面入手，满足其需求。另外，舒适的用餐环境，加上快乐的用餐气氛，是让宝宝食欲大增的最好条件。吃饭时间父母可以多谈些快乐的事，多关心宝宝、赞美宝宝，也会让用餐时间充满温馨、愉快的气氛。

当宝宝 1 岁以后，慢慢开始有了独立意识，想要自己动手吃饭了。这时，爸爸妈妈可以鼓励宝宝自己拿汤匙吃东西，也可以让宝宝用手抓食物吃，这样可以满足宝宝的好奇心，让他觉得吃饭是件有意思的事，同时也增强了宝宝的食欲。

 帮助宝宝养成良好的饮食习惯

婴幼儿特别容易出现边吃边玩、不好好吃饭的情况，这时候不宜直接斥责孩子，也不要端着饭碗追着喂，否则会让孩子更加无法专心吃饭。家长本身要以身作则，不要边看电视边吃饭，也不要边玩手机边吃饭。爸爸妈妈吃饭时的态度和习惯，很容易被孩子模仿。

每餐吃饭的时间应该固定下来，随着孩子成长阶段的不同，配合孩子的活动力、饥饿感等，为孩子的生理时钟找到规律性。除非有特殊因素，如生病等，否则不要太常变动吃饭的时间。在孩子还不够饿的时候吃饭，或是让孩子饥饿时等待太久，都会让孩子对吃饭产生反感，对肠胃也会产生不良影响。除此之外，每次吃饭前先提醒孩子"吃饭时间到了"，有助于让孩子慢慢养成到点吃饭的习惯。

 **特殊情况巧处理**

有时候孩子会对吃饭感到厌烦，或是说肚子不饿吃不下，这时候家长别着急，也不要用恐吓的方式强迫孩子，而应该心平气和地想出解决对策。比如，两餐之间的时间让孩子适度活动，可以消耗热量，促进下一餐的食欲；巧妙设计食谱，把孩子排斥但营养丰富的食材通过烹调或切细的手法来变化处理；用正面鼓励、讲启发故事的方式，诱导孩子爱上吃饭。另外，孩子生病时通常会没有食欲，家长一定要注意供给少量、温热、清淡、稀软的食物，并鼓励孩子多喝水。

Part 4

辅食配餐，
"妈妈牌"更健康

　　当宝宝满 6 个月以后，单纯的母乳或乳制品已不能满足宝宝的生长需要，这时，妈妈需要根据宝宝的生长发育情况，适时给宝宝添加辅食。不同生长时期的宝宝，辅食添加要领不尽相同，妈妈们要严格遵循一定的原则进行，这样才能让宝宝营养均衡、健康成长。

0~6个月宝宝喂养指南

0~6个月的宝宝应坚持纯母乳喂养，因医学指征实在不能母乳喂养或不能全母乳喂养时，可选择配方奶喂养和母乳与配方奶混合喂养的方式。混合喂养时不能放弃母乳。另外，除非医生特别说明，不建议为6月龄内的婴儿添加辅食。

 **宝宝的发育特点**

项目 / 月龄		0~1个月	2~3个月	4~6个月
身长 （厘米）	男	50.4~54.8	58.7~62.0	64.6~68.4
	女	49.7~53.7	57.4~60.6	63.1~66.8
体重 （千克）	男	3.32~4.51	5.68~6.70	7.45~8.41
	女	3.21~4.20	5.21~6.13	6.83~7.77
口腔 与消化功能		有吸吮反射；胃容量小，唾液腺发育不全，分泌唾液较少，消化道内的酶分泌较单一；只能吃母乳或配方奶。	胃容量逐渐增大，但依然比较小；消化功能较差，只能吃母乳或配方奶，不能添加任何辅食。	宝宝口水变多，但还不能很好地闭唇和吞咽，只能任由口水流出小嘴；推舌反应逐渐消失；有的宝宝已经开始萌出乳牙。
体能特征		会伸腿，肌肉偶尔抽搐；头仅能抬一点点；手可以握拳，但不能握摇铃；双腿不能担负重量。	四肢慢慢可以伸展开来，能自由活动；抱着坐时，头还不稳；手能张开，会乱挥；能握住摇铃。	开始能挺脖子、翻身了；用小手探索周围的东西。
智力特征		用哭声表达需要；能分辨父母和陌生人的声音；行为主要是反射动作，而非经过思考。	能建立联系，哭就能得到食物或拥抱；视线会跟着人移动；开始会笑。	会吐泡泡；表情更加丰富，会大笑、尖叫、板着脸；头会循着声音转向说话的人。

注：本书表格中的身长和体重数据均来源于国家卫生部2009年发布的《中国7岁以下儿童生长参照标准》。

一日饮食安排推荐

喂养方式	0 ~ 1 个月	2 ~ 3 个月	4 ~ 6 个月
母乳喂养	按需哺乳。大约每隔 2 小时喂一次（无须机械规定，根据宝宝需求来），每次 20 ~ 30 分钟，24 小时内可喂奶 10 ~ 12 次。	按需哺乳。大约每隔 2.5 小时喂一次，每次 20 ~ 30 分钟，24 小时内喂奶 8 ~ 11 次。	逐渐定时喂养。每隔 3 ~ 4 小时喂一次，每次约 20 分钟，每天喂 6 ~ 7 次。
混合喂养（母乳与配方奶混合喂养）	按需喂养。先喂母乳，若两次喂奶间隔时间在 30 分钟以内，第二次喂配方奶；若两次喂奶时间在 30 分钟以上，第二次先喂母乳，实在没有母乳再喂配方奶。尽量让宝宝多吃母乳。	按需喂养。先喂母乳，若两次喂奶间隔时间在 1 ~ 1.5 小时以内，第二次喂配方奶；若两次喂奶时间在 1 ~ 1.5 小时以上，第二次喂母乳。尽量让宝宝多吃母乳。	按需喂养。先喂母乳，若两次喂奶间隔时间在 2 ~ 2.5 小时以内，第二次喂配方奶；若两次喂奶时间在 2 ~ 2.5 小时以上，第二次喂母乳。尽量让宝宝多吃母乳。
人工喂养（仅喂配方奶）	平均每隔 3 小时喂一次，每次 50 ~ 80 毫升，24 小时内喂奶 8 ~ 10 次，每天喂 400 ~ 600 毫升。	每隔 3 小时左右喂一次，每次 60 ~ 90 毫升，24 小时内喂奶 7 ~ 9 次，每天喂 500 ~ 750 毫升。	每隔 4 小时左右喂一次，每次 100 ~ 120 毫升，24 小时内喂奶 6 ~ 7 次，每天喂 600 ~ 800 毫升。
备注	新生儿要按需喂养，宝宝饿了就喂或妈妈奶胀就喂；混合喂养时不需要恒定母乳和配方奶的喂养次数，尽量多喂母乳，宝宝吃不够时再喂配方奶。	仍需按需哺乳；混合喂养和人工喂养需额外补充水，每喝 100 毫升配方奶，需补水约 20 毫升；混合喂养，如果妈妈奶水渐渐充足，可转为纯母乳喂养。	第 6 个月可尝试添加一点点辅食，如米粉调的稀汁、米汤等，让宝宝开始熟悉奶以外的食物，以及除乳头和奶瓶外的餐具，为下个月正式添加辅食做准备。

妈妈喂养经

说起哺乳，妈妈总会碰到各种各样的问题，怎样才能让宝宝吃到充足、质优的母乳？喂养时出现一些难题又该如何解决呢？

◎ 一定要让宝宝吃到初乳

在产后最初的几天内，新妈妈的乳房可能会分泌少量颜色看起来稍微有些发黄、略显稀薄的乳汁，即为初乳。初乳虽然量少，但对新生儿的作用非常大。新生儿的免疫系统薄弱，而初乳中的蛋白质大多数为免疫球蛋白，它能够形成抗体，可保护宝宝免受细菌和病毒的侵袭。

◎ 让宝宝早吸吮、勤吸吮

新生儿出生后1小时内应尽早与母亲进行皮肤接触，接触时间不少于30分钟。一般，在接触和爱抚的过程中，新生儿就会自发地吸吮妈妈的乳头，称为"早吸吮"。早吸吮和频繁多次的吸吮可以刺激泌乳反射，有助于新妈妈乳汁的分泌，促进母乳喂养的成功。同时，吸吮的过程还可以帮助新生儿胃肠道正常菌群的建立。

◎ 母乳喂养无须补钙，但要补维生素 D

母乳中含有符合宝宝需求的钙，而维生素 D 的含量则较少，因此母乳喂养的宝宝一般不需要补钙，但需要额外补充维生素 D。婴儿出生数日后就可以开始补充维生素 D 了。虽然适宜的阳光照射会促进皮肤中维生素 D 的合成，但鉴于养育方式的限制，阳光照射可能不是 6 月龄以内的宝宝获取维生素 D 的最佳途径。建议喂宝宝吃鱼肝油或维生素 D 制剂，每日 400 国际单位。

◎ 纯母乳喂养期间可以不用喂水

纯母乳喂养宝宝一般不需要喝水，这是因为母乳中含有充足的水分，可以满足宝宝所需。但如果是喝配方乳或混合喂养的宝宝，两次哺喂之间可适当补充一些水。当宝宝发热、严重腹泻或母乳不足时，可考虑给宝宝适当喝水或补充口服补液盐。

宝宝不肯吃母乳

宝宝不肯吃母乳可能是身体不舒服，也可能是妈妈的哺乳方法不对。如果宝宝身体不适，妈妈要及时带宝宝看医生，以排除宝宝不舒服的因素。有的妈妈奶水多，在宝宝刚开始吃时，奶水冲，容易引起宝宝呛咳，久而久之可能宝宝就不太愿意吃。遇到这种情况，妈妈可以先挤出一些乳汁，然后再让宝宝吸吮。另外，如果妈妈的乳汁不足、身体有异味或抱宝宝的姿势不对，也会导致宝宝不愿意吃母乳，这些情况需要妈妈慢慢总结发现，并加以改善。

宝宝吃配方奶后不爱吃母乳

有些宝宝刚生下来时因为种种原因，先接触了配方奶，就不爱吃母乳了。这时，妈妈可以把母乳吸出来掺到配方奶中，然后逐渐过渡到完全喂母乳。

有些宝宝因为是混合喂养，妈妈的奶量比较少，或喂的次数少，导致宝宝吃配方奶时比较容易得到满足，渐渐地就不乐意吃母乳。此种情况，更要让宝宝多吃妈妈的奶，最好是先喂母乳再喂奶粉，如果宝宝不接受，也可以先喂奶瓶再喂乳房，慢慢减少配方奶的量，母乳的量也会增加。

如果妈妈的乳头小，宝宝吸吮乳头费力，也可能会导致宝宝不爱吃母乳，而选择容易吸吮的奶瓶。妈妈可以把母乳吸出来倒入奶瓶中喂宝宝，也可以对乳房做一些护理措施，使宝宝吸吮更容易。

宝宝溢奶、吐奶

宝宝在吃奶时，会把一些空气吸入胃里，吃完奶后空气溢出的同时，会带一些奶水出来，从而形成溢奶。宝宝溢奶时，妈妈无须过于紧张，只要每次哺乳后，将宝宝竖直抱起，帮宝宝排出奶嗝，溢奶就会减少。喂奶时，妈妈也应尽量采取坐位或半卧位，防止婴儿吸入大量的空气。

吐奶与溢奶不同。吐奶是因为宝宝肠胃功能较弱，胃里的食物无法顺利进入肠道，转而从宝宝口里流出形成的。宝宝吐奶，只要精神愉快，身长、体重等正常增长，就不必太过担忧。但如果宝宝同时有精神萎靡、食欲不振、发热等症状，且体重、身长增长缓慢，应及时带宝宝就医。

7～8个月宝宝喂养指南

进入第 7 个月的宝宝可以开始吃辅食了。不过，奶依然是宝宝营养的主要来源，在此基础上，家长可以供给少量的泥糊状辅食，如米粉糊、菜泥、果泥、肉泥、蛋黄泥等，注意最开始时最好只添加一种，然后逐步过渡到两种、三种。

 宝宝的发育特点

项目／月龄		7 个月	8 个月
身长 （厘米）	男	67.4 ~ 72.3	68.7 ~ 73.7
	女	65.9 ~ 70.6	67.2 ~ 72.1
体重 （千克）	男	7.83 ~ 9.79	8.09 ~ 10.11
	女	7.28 ~ 9.06	7.55 ~ 9.39
口腔 与消化功能		大部分宝宝开始出牙，一些宝宝已经长出第一颗牙；喜欢把手、玩具等塞进嘴里；胃容量增大很多，可以消化少量稀一点儿的泥糊状食物。	多数宝宝已经出牙，一般会先长出 2 颗下门牙；可以消化有点儿颗粒、粗糙一点儿的食物，能消化的食物种类也增多了。
体能特征		可以翻身；能独立坐一会儿；小手能向前俯抓物体；能用整只手把东西（小物品）抓紧或把东西在两手之间交换。	能用手和膝盖爬行；会拍手、摇手；能准确地用手抓住物体；能用拇指和食指捡起小东西。
智力特征		关心外界事物，会低头找东西；看见认识的人会微笑；用更长的时间玩弄和研究玩具。	听到自己的名字会有反应；会模仿大人的动作和声音，发出"ma、ba"等单音节；能举起胳膊示意"要抱"。

 宝宝的喂养要点

这段时期母乳或配方奶依然是婴儿的主要食物，辅食添加只是营养的补充，让宝宝熟悉并逐渐适应辅食是本阶段喂养的主要目的。

奶与辅食的比例　刚开始添加辅食时，奶与辅食的喂养比例为8：2，然后逐步过渡到7：3的比例，每天可喂奶5～6次。辅食初期每天可喂1次，进入8月每天可喂1～2次，具体次数主要看宝宝的接受程度。

辅食添加的方法　刚开始几天，应将米粉调成非常稀的糊状辅食，大概是勺子舀起来可以轻松流下的状态，宝宝适应后可以慢慢增加稠度。辅食的品种也可以逐渐增加，从米粉糊到蔬菜泥、水果泥、肝泥、蛋黄泥，最好是采取在米粉或稀粥中添加其他食材的方式进行，如菠菜米糊、蛋黄米糊等。

正确喂食的方法　为避免宝宝产生紧张和抗拒情绪，一开始喂食时妈妈可以抱着宝宝，让宝宝靠坐在自己的身上。后期如果宝宝坐得较稳，可以让宝宝坐在婴儿椅上喂食。在喂宝宝吃辅食的时候，汤匙（形状要近乎扁平）要放在宝宝的下唇中央，与下唇保持水平，待宝宝上唇下落合上，食物进入口中时，慢慢将汤匙抽出。

一日饮食安排推荐

		7 个月的宝宝	8 个月的宝宝
哺乳次数及量		5～6次/天，180～240毫升/次	5～6次/天，180～240毫升/次
辅食次数及量		1次/天，60～100毫升/次	1～2次/天，80～120毫升/次
喂食时间	6：00	母乳或配方奶	母乳或配方奶
	10：00	母乳或配方奶	母乳或配方奶
	12：00	辅食	辅食
	14：00	母乳或配方奶	母乳或配方奶
	18：00	母乳或配方奶	母乳或配方奶或辅食
	22：00	母乳或配方奶	母乳或配方奶
备注		夜间可能还需要喂一次母乳或配方奶；母乳喂养的宝宝每天可补充 100～200 毫升水，配方乳喂养的宝宝每天可补充 200～300 毫升水；遵医嘱给宝宝适量补充维生素 D，每天 1 次。	

 **妈妈喂养经**

由于宝宝的消化系统尚不完全，本阶段给宝宝的辅食一定要少量、顺滑、方便吞咽和消化。

◐ 从富含铁的泥糊状食物开始

宝宝满 6 月龄以后，体内储备的铁元素开始消耗殆尽，发生缺铁的风险较高，因此，婴儿最先添加的辅食应该是富含铁的高能量食物，如强化铁的婴儿营养米粉。注意，刚开始时不要把米粉调得过稠。

◐ 先喂辅食再喂奶

最开始喂辅食时，可在喂辅食后再喂奶，这样宝宝更容易接受辅食。如果喂完辅食后，宝宝不想喝奶，不用强喂。如果宝宝不喜欢辅食，并拒绝食用辅食，可在宝宝觉得饥饿时，先让宝宝食用适量母乳或配方奶，再喂少量辅食。

◐ 一次只添加一种食材

一次只给宝宝尝试一种新食材，连喂 3 ~ 5 天，若没有过敏反应可再尝试另一种食材。每 1 ~ 2 周可在食谱中添加一种食材，保证 7 个月大的宝宝能吃 2 ~ 3 种食材。

◐ 有"吐出反应"时的应对方法

如果宝宝吐出食物并有厌恶的表情，需检查食物中是否有不易下咽的结块或太干，然后将食物再做稀一点儿。如果宝宝实在不愿意，不要强迫进食。

◐ 添加辅食后出现过敏、腹泻或便秘

如果宝宝添加某种辅食后出现过敏反应，应暂停添加此种辅食，一段时间过后再尝试。如果宝宝添加某种辅食后腹泻，可能是过敏引起或与喂养方式不当有关，家长应积极查找原因。有的宝宝添加辅食后出现便秘症状，很有可能与饮食结构不合理和饮水不足有关。家长应做到适量供给辅食，并供给宝宝易消化的辅食，辅食中适量添加蔬菜，每天适当给宝宝喂水。

◐ 添加辅食后不爱吃奶

出现这种情况时，爸爸妈妈不要着急，通常这只是暂时现象，过一段时间后宝宝又会重新喜欢吃奶。千万不要因为宝宝不吃奶就断辅食或是直接给宝宝断奶。妈妈应做到奶能喂多少就喂多少，并适当增加辅食的量。

食材的选择及烹调重点

本阶段应重点补充富含铁的食材，多吃蔬菜和水果，待宝宝可以吃的品种多了以后，适当添加富含蛋白质的食物，但需注意防宝宝过敏。

宜吃食材		
土豆	豌豆	哈密瓜
红薯	海带	鲜鱼
南瓜	豆腐	鸡胸肉
胡萝卜	苹果	鸡蛋黄
白萝卜	梨	猪里脊肉
西蓝花	香蕉	芝麻
菠菜	橘子	核桃
上海青	西瓜	白米

忌吃食材	
鲜奶	草莓
蛋白	西红柿
盐、白糖	面包、面条

◆**谷类：**将白米泡发后磨碎，加水熬成稀粥，米与水的比例可从1∶10慢慢过渡到1∶7。

◆**蔬菜：**洗净后用热水氽烫，然后剁碎或用榨汁机打碎，再混入米糊或粥中熬煮；土豆和红薯要熟透，碾碎后再喂。

◆**水果：**去皮、去核后取果肉磨成泥或用榨汁机打碎喂食。草莓、西红柿等水果喂食后若出现过敏反应，一岁前都不要再喂。

◆**肉类、鱼肉：**肉类可以做成高汤，用汤熬粥，也可以煮熟后剁成泥喂食；鱼肉需剔除鱼刺，煮熟后磨碎来喂。有过敏症状的宝宝，可以适当推迟喂蛋白质食品的时间。

◆**其他：**芝麻、核桃等坚果可以磨细一点儿放到辅食里；盐、糖等调味品满周岁后再添加；小麦制品的面食容易引起过敏，应推迟喂食时间；蛋白引起过敏的概率极高，满周岁后再喂；鲜奶也需满周岁后喂。

7～8个月宝宝安心喂养食谱

扫扫二维码
轻松同步做美味

粳米糊

🔵 **原料**　粳米粉 85 克

🔵 **做法**

1　把粳米粉装在碗中，倒入清水，边倒边搅拌，制成米糊，待用。

2　奶锅中注入适量清水烧热，倒入调好的米糊，拌匀。

3　用中小火煮一会儿，使食材成浓稠的黏糊状。

4　关火后将米糊盛入碗中，稍微冷却后食用即可。

🍓 **小叮咛**：往粳米粉中倒入清水时，要一边倒水一边搅拌，这样粳米粉容易搅匀，不会结成块。

梨子糊

🌀 **原料** 去皮梨子 30 克，粳米粉
40 克

扫扫二维码
轻松同步做美味

🌀 **做法**

1 将梨子洗净去皮，切碎待用。

2 奶锅置于火上，注入适量清水，倒入
粳米粉，用中火搅拌约 3 分钟至粳米
粉溶化。

3 放入梨子碎，搅拌约 3 分钟，至食材
熟透入味。

4 关火后盛出煮好的梨子糊，用过滤网
滤掉较大的梨子块。

5 再将梨子糊倒入奶锅中，拌匀，用小
火煮约 15 分钟至梨子糊黏稠。

6 关火后盛出煮好的梨子糊，装入碗中
即可。

🍓 **小叮咛：** 1 周岁以内的宝宝不宜吃糖，
妈妈们不要在梨子糊中添加白糖或冰糖调味。
由于梨子本身带有甜味，妈妈不用担心宝宝不
喜欢吃。

奶香土豆泥

扫扫二维码
轻松同步做美味

🌀 **原料** 土豆 250 克，配方奶粉
15 克

🌀 **做法**

1 将适量开水倒入配方奶粉中，搅拌均匀。
2 将土豆洗净去皮，切成片待用。
3 蒸锅上火烧开，放入土豆，盖上锅盖，用大
火蒸 30 分钟至熟软。
4 关火后揭开锅盖，将土豆取出，放凉待用。
5 用刀背将土豆压成泥，放入碗中，再倒入调
好的配方奶，搅匀即可。

🍓 **小叮咛：** 土豆片可以切得薄一
点儿，这样更易蒸熟；过量食用土豆
容易出现消化不良、胀气的现象，因
此不可让宝宝多吃。

南瓜米粉

🌙 **原料**　南瓜 300 克，米粉 20 克

🌙 **做法**

1　将南瓜洗净去皮，切成片待用。
2　蒸锅上火烧开，放入南瓜，盖上锅盖，
　　用大火蒸 30 分钟至熟软。
3　关火后揭开锅盖，将南瓜取出，放凉
　　待用。
4　将少量的凉开水倒入米粉中，搅匀，
　　待用。
5　用刀将南瓜压成泥状，放入米粉中，
　　搅匀，注入适量沸水，边倒边搅拌。
6　将拌好的米粉装入碗中即可。

扫扫二维码
轻松同步做美味

🍓 **小叮咛：**米粉要完全调开后再加沸水，
以免结成块。

胡萝卜糊

扫扫二维码
轻松同步做美味

🔵 **原料** 胡萝卜碎 100 克，粳米粉 80 克

🔵 **做法**

1 备好榨汁机，倒入胡萝卜碎，注入适量清水，盖好盖子，待机器运转约 1 分钟，搅碎食材，榨出胡萝卜汁。

2 断电后倒出汁水，装在碗中，待用。

3 把粳米粉装入碗中，倒入榨好的汁水，边倒边搅拌，调成米糊，待用。

4 奶锅置于旺火上，倒入米糊，拌匀，用中小火煮约 2 分钟，使食材成浓稠的黏糊状。

5 关火后盛入小碗中，稍微冷却后食用即可。

🍓 **小叮咛：** 胡萝卜材质较硬，榨汁的时间最好长一些，这样既有利于粳米粉的搅拌，也有利于宝宝的食用。

西蓝花糊

🌑 **原料** 西蓝花 150 克，配方奶
粉 8 克，米粉 60 克

🌑 **做法**

1 汤锅中注水烧开，放入洗净的西蓝花，
煮约 2 分钟至熟，捞出，放凉后切碎。

2 选择榨汁机搅拌刀座组合，把西蓝花
放入杯中，加入适量清水。

3 盖上盖子，选择"搅拌"功能，榨取
西蓝花汁。

4 把榨好的西蓝花汁倒入汤锅中，倒入
适量米粉，搅拌匀。

5 放入适量奶粉，用勺子持续搅拌，用
小火煮成米糊。

6 将煮好的米糊盛出，装入碗中即可。

扫扫二维码
轻松同步做美味

🍓 **小叮咛：** 妈妈不要为了让西蓝花过于软
烂而长时间煮，那样容易造成水溶性营养成分
的大量损失。

苹果红薯泥

扫扫二维码
轻松同步做美味

🔵 **原料** 苹果 90 克，红薯 140 克

💬 **做法**

1 将红薯和去核的苹果切成小块，装盘待用。

2 把装有红薯的盘子放入烧开的蒸锅中，再放入苹果，盖上锅盖，用中火蒸 15 分钟至熟。

3 揭开锅盖，将蒸熟的苹果、红薯取出，放入碗中，用勺子压烂，拌匀。

4 取榨汁机，选搅拌刀座组合，把苹果红薯泥舀入杯中，选择"搅拌"功能，将泥搅匀。

5 将制作好的苹果红薯泥装入碗中即可。

🍓 **小叮咛：** 可以在苹果红薯泥中加少量磨成粉的坚果，一起搅拌后给宝宝食用，既能丰富口感，也能增加营养价值。

菠菜糊

🌀 **原料**　水发大米 130 克，菠菜 50 克

扫扫二维码
轻松同步做美味

🌀 **做法**

1　锅中注水烧开，放入洗净的菠菜，焯片刻后捞出，放凉后切成碎末，待用。

2　奶锅中注水烧开，放入洗净的大米，搅散，盖上盖，烧开后转小火煮约 35 分钟。

3　揭盖，搅动几下，关火后盛出，装在碗中。

4　加入菠菜碎，拌匀，调成菠菜粥，待用。

5　备好榨汁机，选择搅拌刀座组合，倒入菠菜粥，启动机器，将食材搅碎后滤入碗中。

6　奶锅置于旺火上，倒入菠菜糊，拌匀，煮沸。

7　关火后盛入碗中，稍微冷却后食用即可。

🍓 **小叮咛：** 菠菜最好焯水后再给宝宝食用，这样可以去除其中的草酸和农药残留，营养价值更高。

鸡肉糊

🌑 **原料**　鸡胸肉 30 克，粳米粉
　　　　45 克

🌑 **做法**

1　将洗净的鸡胸肉剁成泥，待用。

2　奶锅置于火上，倒入鸡肉泥，注入适量开水，
　拌匀，稍煮片刻至鸡肉泥转色。

3　关火后盛出煮好的鸡肉汁，装入碗中，放凉
　待用。

4　取榨汁机，倒入鸡肉汁，盖上盖子，榨约半
　分钟，断电后将榨好的鸡肉汁倒入奶锅。

5　锅中加入粳米粉，用小火搅拌 5 分钟至鸡肉
　糊黏稠。

6　关火后盛出煮好的鸡肉糊，过滤到碗中即可。

🍓 **小叮咛：** 鸡肉中含有丰富的优
质蛋白，容易被人体吸收，做成肉泥后，
可作为半岁以后宝宝的日常辅食，对
体质虚弱、食欲不佳的宝宝尤为适宜。

牛肉糊

🌀 **原料** 牛肉 35 克，水发大米 80 克

🌀 **做法**

1 将洗净的牛肉切碎，待用。

2 奶锅置于火上，倒入泡发好的大米、牛肉碎，拌匀。

3 注入适量开水，搅拌至米粒透明，再注入适量开水，煮至呈糊状，关火后盛入碗中，放凉待用。

4 取榨汁机，倒入放凉的牛肉糊，盖上盖子，榨约半分钟，断电后将榨好的牛肉糊滤到碗中。

5 奶锅置于火上，倒入牛肉糊，加热片刻。

6 关火后盛出煮好的牛肉糊，装入碗中即可。

扫扫二维码
轻松同步做美味

🍓 **小叮咛：** 妈妈应给宝宝选择肉质细嫩的里脊肉，以帮助宝宝更好地咀嚼和消化牛肉的营养。制作此糊时也可以加入适量切碎的胡萝卜，营养更全面。

9～11个月宝宝喂养指南

宝宝的咀嚼和消化功能进一步增强，能吃的食物越来越多了，家长可根据宝宝的发育情况准备一些带细小颗粒的软食物。有的宝宝开始会用手抓取食物，这在一定程度上是宝宝自立能力发展的体现，只要不是太过分，大人不必去制止。

 宝宝的发育特点

项目 / 月龄		9个月	10个月	11个月
身长（厘米）	男	70.1 ~ 75.2	71.4 ~ 76.6	72.7 ~ 78.0
	女	68.5 ~ 73.6	69.8 ~ 75.0	71.1 ~ 76.4
体重（千克）	男	8.35 ~ 10.42	8.58 ~ 10.71	8.80 ~ 10.98
	女	7.81 ~ 9.70	8.03 ~ 9.98	8.25 ~ 10.24
口腔与消化功能		长出2～4颗乳牙，能咀嚼含少量纤维的食物，如捣碎的蔬果；能吃的食物变多了，但消化吸收功能依然较弱。	长出4～6颗乳牙，能用牙龈嚼碎类似香蕉硬度的食物；消化能力增强，能消化大部分颗粒状食物。	长出8颗乳牙，能咀嚼较硬的食物；能消化较软的固体食物。
体能特征		爬行越来越熟练，能扶着东西慢慢站起来；能用杯子喝水。	能熟练爬行，有时候还能独自站立片刻；手指能随意展开，手指动作越发协调。	能扶着家具乱走，能在别人的帮助下走路；能用食指指东西、戳东西；能堆积木、扔积木。
智力特征		开始记忆看到的人和事物，喜欢看移动的物体，能听懂简单的语言。	能说双音节词（baba、mama）；能记得玩具藏在哪儿；能理解简单的语言，并做出反应。	懂得拒绝；懂得手势，能挥手表示再见；记得最近发生的事；喜欢和家人做简单的游戏。

宝宝的喂养要点

随着母乳量的减少，可逐渐增加辅食的量。辅食可以从泥糊状食物逐步过渡到带有细小颗粒的半固体食物，但软、烂、清淡依然是宝宝辅食的主要原则。

奶与辅食的比例　本阶段，母乳或配方奶依然是宝宝饮食的重点，能给宝宝提供1/3～1/2的营养。奶与辅食的比例可从6∶4逐渐过渡到5∶5。

辅食添加的方法　宝宝的咀嚼能力进一步增强，可以给他准备一些比之前稍硬、体积大一些的食物。食物硬度以宝宝能用牙龈嚼碎为原则。如果不好掌握的话，以香蕉为标准即可。由于宝宝的动手能力增强，后期可以给宝宝准备一些适合抓取的食物，以锻炼其进食兴趣。

正确喂食的方法　给宝宝准备专用的婴儿餐具，让宝宝坐在婴儿座椅上吃饭，脚可以放在婴儿椅的底板上，方便宝宝俯身，用手取食物。

一日饮食安排推荐

		9个月的宝宝	10～11个月的宝宝
哺乳次数及量		4～5次/天，180～210毫升/次	3～4次/天，210～240毫升/次
辅食次数及量		2～3次/天，80～120毫升/次	3次/天，120～180毫升/次
喂食时间	6∶00	母乳或配方奶	7∶30左右喂辅食
	8∶00	辅食	
	10∶00	母乳或配方奶	母乳或配方奶
	12∶00	辅食	辅食
	15∶00	母乳或配方奶	母乳或配方奶
	18∶00	辅食	辅食
	21∶00	母乳或配方奶	母乳或配方奶
备注		—	

备注　3顿正餐前半小时内尽量不要喂宝宝任何东西；只要宝宝需要，应多吃水果，多喝白开水；维生素D依然要每天按量补充。

妈妈喂养经

　　随着宝宝消化功能的增强，宝宝可以吃的食物种类日益丰富，而且一天可以吃3顿辅食，家长应供给孩子均衡的膳食，并逐渐固定其用餐时间，锻炼其自主进食的能力。

◎ 食物种类多样、造型多变

　　为宝宝制作辅食时，肉类、蛋类、鱼类、新鲜的蔬菜和水果、坚果以及主食等多种食物都要涵盖，以保证宝宝摄取多种营养素。另外，可以通过改变食物的造型、颜色等来提高宝宝的进食乐趣，减少挑食、偏食的发生。

◎ 不要经常让宝宝吃白粥

　　可以给宝宝吃白粥，但不要作为常规饮食，白粥容易造成饱腹感，而且营养价值比较片面。可以在白粥里混合肉或菜，以增加营养。

◎ 适当调味

　　这里说的调味不是加调味品，对于那些宝宝不太爱吃的食材，可以在其中加入一些其他食材进行调味，比如红薯、南瓜、香蕉等，可以丰富辅食的口感。

◎ 慢慢固定用餐时间

　　开始添加3顿辅食后，家长应慢慢调整宝宝用餐的时间，使他逐渐适应吃早饭、午饭、晚饭的规律，可以让宝宝和大人同桌进食，培养他吃饭的意识和能力，还能增添宝宝吃饭的乐趣，增进宝宝的食欲。

◎ 再次尝试会过敏的食材

　　9个月以后的宝宝免疫系统逐渐成熟，此前吃了会过敏的食材，如草莓、花生、蛋黄、面粉、黄豆等，可再次尝试，过敏现象会降低。如果依然过敏，最好等满周岁以后再尝试。有些食物过敏可能是终身性的，如草莓、花生等的过敏，最好请医生鉴别。

◎ 不要阻止宝宝用手抓食物

　　宝宝的动手能力和咀嚼能力增强，可能会喜欢用手抓食物，还会把衣服和饭桌弄得脏乱。这时，家长不应一味斥责，反而应鼓励宝宝自主进食的积极性，给他准备好抓取方便、容易入口的食物。

食材的选择及烹调重点

　　上阶段吃过的食品，本阶段都可以吃，且本阶段需增加辅食中肉类食品的量。也可以喂食宝宝面食，但如果家庭中有对面粉过敏的成员，最好在宝宝满周岁后再喂面食。

宜吃食材		
鲜鱼	莴笋	樱桃
鸡胸肉	丝瓜	黑豆
牛肉	芹菜	馒头
鸡蛋黄	白菜	面包
鸡肝	香菇	奶酪
猪肝	山药	自制酸奶
鲜虾	豆腐	食用油

忌吃食材	
鲜奶	蜂蜜
蛋白	糖果、巧克力
盐、白糖	

　　◆**谷类：** 泡过的白米和水以1∶5或1∶4的比例做成粥或软饭给宝宝吃；也可以直接用软饭熬粥，饭粒比较细软，适合宝宝食用。

　　◆**蔬菜：** 蔬菜切成碎粒后，混入粥中一起熬煮；土豆、红薯等仍需磨成泥喂给宝宝吃；豌豆可以煮熟后切碎喂食。

　　◆**水果：** 苹果等可以切成小薄片，香蕉切成块状。可以给宝宝喝果汁，但量不宜太多，以免宝宝摄入太多的糖分。

　　◆**肉类：** 熬成高汤，用汤煮粥或做其他辅食；磨成肉酱加入辅食；鸡胸肉蒸熟后撕碎成5毫米左右大小，喂给宝宝吃。

　　◆**鱼肉：** 煮或烤熟后去掉鱼刺、鱼皮，鱼肉剁成肉末，添入辅食中。

　　◆**其他：** 豆腐磨碎成5～7毫米大小，添入辅食；奶酪切成小丁块；蛋黄的量可以适当增加；盐、白糖等调味料以及鲜奶，依然不能食用。

9～11个月宝宝安心喂养食谱

山药蛋黄糊

扫扫二维码
轻松同步做美味

原料　山药 120 克，蛋黄 1 个

做法

1. 将去皮洗净的山药切成片，装入盘中，备用。
2. 将山药和鸡蛋放入烧开的蒸锅中，盖上盖，用中火蒸 15 分钟至熟，把蒸好的山药和鸡蛋取出。
3. 将山药装入碗中，压碎，压烂。
4. 鸡蛋剥去外壳，取蛋黄，备用。
5. 将蛋黄放入装有山药的碗中，充分搅拌均匀。
6. 另取一个干净的碗，装入拌好的山药蛋黄糊即可。

小叮咛：山药切好后，若不立即入锅蒸，可先放入淡醋水中浸泡，以免氧化变黑。蒸熟的鸡蛋可以放入冷水中浸泡一会儿，这样更易去壳。

鸡肝糊

🌑 **原料** 鸡肝 150 克，鸡汤 85
毫升

🌑 **做法**

1 将洗净的鸡肝装入盘中，放入烧开的
  蒸锅中。

2 盖上锅盖，用中火蒸 15 分钟至鸡肝
  熟透。

3 把蒸熟的鸡肝取出，放凉待用。

4 用刀将鸡肝压烂，剁成泥状。

5 把鸡汤倒入汤锅中，煮沸，调成中火，
  倒入备好的鸡肝，用勺子拌煮 1 分钟
  成泥状，用勺子继续搅拌均匀，至其
  入味。

6 关火，将煮好的鸡肝糊倒入碗中即可。

🍓 **小叮咛：** 蒸鸡肝之前，应用清水浸泡半
小时，以去除鸡肝里的杂质。往鸡汤中倒入鸡
肝后，要用勺子不停搅拌，以免煳在锅底。

鳕鱼糊

🍃 **原料**　鳕鱼 50 克，水发大米 100 克

🍃 **做法**

1　鳕鱼去皮取肉，横刀切片，切条，再切成丁。

2　锅中注水烧开，倒入鳕鱼丁，搅拌，汆至转色，捞出待用。

3　大米倒入热锅中，翻炒至半透明状，放入鳕鱼丁，翻炒出香味，注入适量清水，稍稍搅拌。

4　盖上锅盖，大火煮开后转小火煮 20 分钟，将鳕鱼粥装入碗中，放凉待用。

5　取榨汁机，倒入鳕鱼粥和适量凉开水，盖上盖，榨半分钟将其打碎，倒入碗中，待用。

6　奶锅置于火上，倒入鳕鱼糊，搅拌匀，煮至沸。

7　将煮好的鳕鱼糊滤入碗中，边搅拌边过滤，直到完全滤好即可。

🍓 **小叮咛：** 鳕鱼味道清淡，富含幼儿发育所需的多种氨基酸，极易消化吸收，有助于生长发育，妈妈可将其作为宝宝的日常辅食。

丝瓜粳米泥

🌑 **原料** 丝瓜 55 克，粳米粉 80 克

🌑 **做法**

1 将洗净去皮的丝瓜去籽，切成条，再切丁。
2 取一个碗，倒入丝瓜丁、粳米粉。
3 注入适量的清水，充分搅拌。
4 将拌好的丝瓜粳米泥倒入蒸碗中，待用。
5 电蒸锅注水烧开，放入丝瓜粳米泥。
6 盖上盖，调转旋钮定时15分钟至蒸熟。
7 将其取出，即可食用。

扫扫二维码
轻松同步做美味

🍓 **小叮咛：** 丝瓜本身含有较多的水分，搅拌丝瓜丁与粳米粉时，注入的清水不宜过多，以免影响宝宝食用。

苹果稀粥

🔵 **原料** 水发米碎65克，苹果
80克

🔵 **做法**

1 洗净去皮的苹果切开，去核，改切成丁。

2 取榨汁机，倒入切好的苹果，注入少许温开
水，盖好盖，选择"榨汁"功能，榨取果汁。

3 断电后倒出苹果汁，滤入碗中，待用。

4 锅中注入适量清水烧开，倒入米碎，拌匀。

5 盖上锅盖，烧开后用小火煮30分钟至熟。

6 向锅中倒入苹果汁，拌匀，再盖上盖，用大
火煮2分钟至其沸。

7 关火后盛出煮好的稀粥即可。

🍓 **小叮咛：** 苹果切成小丁更容易
榨取汁水。锅中加水时要把握好量，
避免之后加入苹果汁造成粥过于稀薄。

雪梨稀粥

🌀 **原料** 水发米碎 100 克，雪梨
65 克

🌀 **做法**

1 将洗好的雪梨去核，切成小块，待用。

2 取榨汁机，倒入雪梨块，注入少许清
水，盖上盖，通电后选择"榨汁"功能，
榨取汁水。

3 断电后倒出雪梨汁，滤到碗中，备用。

4 锅中注入适量清水烧开，倒入米碎，
拌匀。

5 盖上盖，烧开后用小火煮约 20 分钟
至熟。

6 向锅中倒入雪梨汁，拌匀，用大火煮
2 分钟。

7 关火后盛出煮好的稀粥即可。

🍓 **小叮咛：** 往清水中倒入米碎烧煮时，最
好经常搅拌，以免煳锅。倒入雪梨汁后不宜煮
过长时间，以免营养流失。

扫扫二维码
轻松同步做美味

西蓝花牛奶粥

🔵 **原料**　水发大米 130 克，西蓝花 25 克，奶粉 50 克

🔵 **做法**

1 沸水锅中放入洗净的西蓝花，焯至食材断生后捞出，沥干水分。
2 将西蓝花放凉后切碎，待用。
3 砂锅中注入适量清水烧开，倒入大米，搅散。
4 盖上盖，烧开后转小火煮约 40 分钟，至米粒变软。
5 揭盖，快速搅动几下，放入备好的奶粉，拌匀，煮出奶香味。
6 倒入西蓝花碎，搅散，拌匀。
7 关火后盛出煮好的粥，装在碗中即可。

🍓 **小叮咛**：水发大米时，可将大米用温水泡发，能缩短泡发时间。清洗西蓝花时可先在清水里浸泡一下，能更好地去除农药和杂质。

苹果玉米粥

🔵 **原料** 玉米碎 80 克，熟蛋黄
1 个，苹果 50 克

🔵 **做法**

1 将洗好的苹果削去果皮，切开，去核，
把果肉切成丁，再剁碎。

2 蛋黄切成细末，备用。

3 砂锅中注入适量清水烧开，倒入玉米
碎，搅拌均匀。

4 盖上盖，烧开后用小火煮约 15 分钟
至其呈糊状。

5 向锅中倒入苹果碎，撒上蛋黄末，搅
拌均匀。

6 关火后盛出玉米粥，装入碗中即可。

扫扫二维码
轻松同步做美味

🍓 **小叮咛：**可以将切好的苹果泡在水中，
既能防止被氧化，又能保持更多的水分。煮玉
米粥的过程中要时不时搅拌，以免煳锅。

大米南瓜粥

● **原料**　去皮洗净的南瓜段、大米各 50 克

● **做法**

1 将去皮洗净的南瓜先顺着纵向切片，再切条，最后切成碎粒，装碗备用。

2 将大米清洗干净放入小锅中，再加入 400 毫升的水。

3 用中火烧开，转小火继续煮约 20 分钟。

4 将切好的南瓜粒放入锅中。

5 用小火再煮 10 分钟，煮至南瓜软烂即可。

🍓 **小叮咛**：南瓜含有丰富的胡萝卜素、锌和糖分，对宝宝的大脑发育十分有利，且较易消化吸收，非常适合本阶段的宝宝食用。

土豆稀饭

🌙 **原料** 土豆 70 克，胡萝卜 65
克，菠菜 30 克，稀饭
160 克

🌙 **调料** 食用油少许

🌙 **做法**

1 锅中注水烧开，倒入菠菜，煮至变软，
捞出，沥干待用。

2 把放凉的菠菜切碎，土豆、胡萝卜切
成粒。

3 煎锅置于火上，倒入少许食用油烧热。

4 放入土豆、胡萝卜，炒匀炒香，注入
适量清水，倒入稀饭。

5 放入切好的菠菜，用大火略煮片刻，
至食材熟透。

6 关火后盛出煮好的稀饭即可。

扫扫二维码
轻松同步做美味

🍓 **小叮咛：** 处理土豆时要将土豆芽根周围
部分多挖除一些，以保证食用安全。食用油不
宜添加过多，10 克以内为宜。

土豆胡萝卜肉末羹

🔵 **原料**　土豆 110 克，胡萝卜 85 克，肉末 50 克

🔵 **做法**

1　把去皮洗净的土豆切片。

2　把洗好的胡萝卜切成片。

3　把胡萝卜和土豆分别装盘，放入烧开的蒸锅中，盖上盖，用中火蒸 15 分钟至熟。

4　把蒸好的胡萝卜、土豆取出，放入备好的榨汁机中，加入适量清水，榨取土豆胡萝卜汁。

5　把榨好的土豆胡萝卜汁倒入碗中。

6　砂锅中注入适量清水烧开，放入肉末，倒入榨好的土豆胡萝卜汁，拌匀煮沸。

7　用勺子持续搅拌，煮至食材熟透，把煮好的肉末羹盛出，装入碗中即可。

🍓 **小叮咛**：煮羹的过程中，加入少许芝麻油或亚麻籽油，味道会更好，营养也更丰富。

奶酪香蕉羹

🔵 **原料** 奶酪 20 克，熟蛋黄 1
个，香蕉 1 根，胡萝卜
45 克，牛奶 180 毫升

🔵 **做法**

1 将胡萝卜切成粒；香蕉去皮，用刀剁
  成泥状；熟鸡蛋取出蛋黄，用刀把蛋
  黄压碎。

2 汤锅中注水烧热，倒入切好的胡萝卜，
  盖上盖，烧开后用小火煮 5 分钟至其
  熟透。

3 将胡萝卜捞出，将其切碎，剁成末。

4 汤锅中注入适量清水，大火烧热，加
  入奶酪，倒入牛奶，煮沸。

5 倒入香蕉泥、胡萝卜，拌匀煮沸，倒
  入鸡蛋黄，拌匀。

6 盛出煮好的汤羹，装入碗中即可。

扫扫二维码
轻松同步做美味

🍓 **小叮咛：** 煮制此羹时，奶酪不要加太多，
以免宝宝吃起来太腻。也可以留几片香蕉片，
待汤羹煮好后放在上面作为点缀。

草莓香蕉奶糊

● **原料**   草莓 80 克，香蕉、酸奶各 100 克

● **做法**

1 将洗净的香蕉切去头尾，剥去果皮，切成条，再切成丁。

2 将洗好的草莓去蒂，对半切开，备用。

3 取榨汁机，选择搅拌刀座组合，倒入切好的草莓、香蕉。

4 加入适量酸奶，盖上盖，选择"榨汁"功能，榨取果汁。

5 断电后，将榨好的果汁奶糊装入杯中即可。

小叮咛：草莓切好后要立即使用，否则会降低其营养价值。酸奶应选择原味的，且最好在家自制。

蔬菜汤

🍵 **原料** 包菜 100 克，胡萝卜 120 克，洋葱 30 克

🍵 **做法**

1 将洗净的包菜切细丝，再切碎末。
2 将洗好的洋葱切丝，再切细末。
3 将洗净去皮的胡萝卜切薄片，再切细丝，切成碎末，备用。
4 砂锅中注入适量清水烧开，倒入切好的洋葱、胡萝卜。
5 拌匀，用大火煮约 3 分钟。
6 倒入包菜，转中火煮约 2 分钟至入味，搅拌均匀。
7 关火后盛出煮好的汤料即可。

🍓 **小叮咛：** 处理蔬菜时都切成细末，这样能帮助宝宝更好地咀嚼和吸收。煮蔬菜汤时，水要一次性加足，中途不宜再加水。

12～18个月宝宝喂养指南

此阶段的宝宝精力越来越旺盛，活动能力也越来越强，现在他是不是已经可以拿着小勺子自己吃饭了呢？尽管大多数时候宝宝会将食物吃得到处都是，但千万别责怪他，这是宝宝在和食物"做游戏"，也是他和食物建立感情的机会。

 宝宝的发育特点

项目 / 月龄		12～15个月	16～18个月
身长 （厘米）	男	76.5～79.8	80.8～82.7
	女	75.0～78.5	79.5～81.5
体重 （千克）	男	10.05～10.68	10.88～11.29
	女	9.40～10.02	10.23～10.65
口腔与消化功能		可用牙齿和牙床咀嚼食物，可以咀嚼有一定质感并易咀嚼的食物。1岁前后开始长出门牙。较粗的固体颗粒经过牙齿的咀嚼后可以被胃肠消化，但胃肠还是很娇嫩，不宜接触刺激性、过敏性食物。	此时开始长出尖牙。宝宝的消化系统日趋完善，但消化能力仍有限，尤其是对固体食物需要较长时间适应。
体能特征		能扭过身体去抓后面的物品；拇指和食指能并拢，抓握动作接近大人；少数宝宝会走路了。	可以起身站立；自己拿勺吃饭；出现规律的生活节奏；走路不容易摔倒；能弯腰捡东西了。
智力特征		给宝宝脱衣服时，宝宝会抬起胳膊配合；玩具不见了会自己找；会玩简单的游戏，如捉迷藏；喜欢拍打可以发出声音的东西。	慢慢不怕生了，记忆力大大提高；开始用单词来表达自己想要表达的意思；提示妈妈自己要大便或小便。

 **宝宝的喂养要点**

这段时期母乳或配方奶依然是婴儿的主要食物，辅食添加只是营养的补充，让宝宝熟悉并逐渐适应辅食是本阶段喂养的主要目的。

奶与辅食的比例	此阶段的宝宝近一半甚至更多的营养来自辅食，奶与辅食的比例由5：5逐渐过渡到4：6。如果母乳不足，需添加配方奶。
辅食添加的方法	此时期的宝宝应均衡摄取多种营养素，食物的种类更多，食谱接近成人食谱。另外，宝宝的认知能力和精细动作进一步发育，能很好地抓握东西了。因此，妈妈最好给宝宝提供方便抓握的零食，如手指饼干、水果干等，锻炼他的手部力量。但饮食依然需保证清淡、易于消化，如果添加调料，一定要少。
正确喂食的方法	宝宝自己吃饭的能力不断提高，自己抓饭吃的技能会越来越熟练。宝宝吃饭时妈妈可以在一旁辅助，帮助宝宝使用勺子。此时，要让宝宝坐在婴儿椅中进食，避免宝宝吃饭乱跑，不专心进食。

一日饮食安排推荐

		12～15个月的宝宝	16～18个月个月的宝宝
哺乳次数及量		2～3次/天，210～240毫升/次	2次/天，250毫升/次
辅食次数及量		3次/天，120～180毫升/次	3次/天，180～200毫升/次
喂食时间	7：30	辅食	
	10：00	点心＋母乳或配方奶或鲜奶	
	12：30	辅食	
	15：00	点心＋母乳或配方奶或鲜奶	
	18：30	辅食	
备注		此阶段按需喂水；由于这一阶段宝宝的活动量大，生长发育快，需重点补充钙，以满足身体的需求，可以给宝宝吃点儿鱼肝油。	

妈妈喂养经

1 岁以后，母乳已经不能再满足宝宝的生长需求了。此时，妈妈应该将重心放到三餐的辅食上来，以满足宝宝的成长所需。

◎ 继续供给母乳

对于 1 岁左右的宝宝，辅食提供的热量已经达到全部食物热量的 60% 以上，但若此时宝宝仍想喝母乳，妈妈又有，可以让宝宝继续喝母乳，但最好在不影响辅食的基础上以零食的形式来喂。

◎ 养成宝宝规律进餐的习惯

从这个时期开始，宝宝可以按照成年人的用餐时间按时吃早饭、中饭和晚饭了。但是宝宝的胃与成年人的胃不同，容量很小，如果一日提供三餐辅食可能无法满足他的能量需求，而一次吃太多又很容易造成宝宝积食，影响食物的正常吸收和身体健康发育。为此，建议妈妈给宝宝采取少食多餐的饮食原则，除了正餐外，可以在上午和下午各增加一次点心，但要注意种类和数量，不要影响吃正餐。

◎ 学会应对宝宝进食问题

1 岁以后，宝宝的成长速度较之婴儿期略有减慢，饭量也有可能减少，这时妈妈先不用着急，只要宝宝的生长曲线正常即可。宝宝一旦出现挑食、偏食等不良饮食习惯，妈妈要及时纠正，以免影响宝宝的身体发育。

◎ 不能直接让宝宝吃大人的食物

这个阶段的宝宝已经尝过并且接受了大部分的自然食物，饭菜样式也越来越成人化，但是与真正的成人食物还是有一定的区别。虽然此时宝宝已经具备了一定的咀嚼能力，能接受一些固体食物，但食物的质地还是要以细、软、烂为主。

◎ 做好宝宝的口腔清洁工作

随着宝宝添加的辅食种类逐渐增多，在给宝宝喂食和哺乳后，食物残渣和口腔中残留的乳汁会停留在牙齿上面，在做口腔清洁的时候，要特别注意牙齿的清洁。喝奶后要给宝宝喝些清水，睡前用软纱布或儿童牙刷为宝宝清理牙面。平时少食酸性、甜味或过冷、过热的食物，以保护牙齿。

食材的选择及烹调重点

　　本阶段是宝宝骨骼和消化器官快速发展的时期，也是体重和身高增长的重要时机。因此，要通过饮食足量摄取碳水化合物、蛋白质、矿物质、维生素、脂肪这 5 类营养素。

宜吃食材		
土豆	包菜	秋刀鱼
红薯	上海青	鲢鱼
玉米	花菜	鱿鱼
黑豆	菠菜	鲔鱼
豌豆	猪肉	蛤肉
海带	动物肝脏	鲜奶
黑木耳	鹌鹑蛋	草莓
金针菇	鸡蛋	苹果

忌吃食材	
香肠	冰激凌
熏肉	果冻
巧克力	辣椒酱

　　◆**均衡饮食：**此阶段的宝宝饮食上要注重碳水化合物、蛋白质、脂肪、矿物质和维生素的摄取。

　　◆**尝试喂更多的食材：**1 岁以前不敢喂的大部分食材，可以在此阶段尝试添加在辅食中，但要避免一次喂过多或每餐都喂。最好能从少量开始，确认宝宝的消化和进食状态正常后，慢慢增加分量。

　　◆**烹饪方式：**水果可以切成厚 5 毫米以内的棒状，让宝宝拿着吃；像肉一样质韧的食物应先切碎，其他食材应充分熟透再给宝宝食用。

　　◆**调味料：**宝宝 1 岁以后可以适量添加盐、酱油等调味的食物，但饮食依然要以清淡为主，无须添加太多调味料。可以多用食物的天然味道调味，如番茄酱、柠檬汁，给汤加调料时可以用鱼露来调味。

12～18个月宝宝的食谱

猪肝瘦肉泥

🔵 **原料**　猪肝45克，猪瘦肉60克

🔵 **调料**　盐少许

🔵 **做法**

1　将洗好的猪瘦肉切薄片，剁成肉末，备用。

2　将处理干净的猪肝切成薄片，剁碎，待用。

3　取一个干净的蒸碗，注入少许清水。

4　倒入切好的猪肝、瘦肉，加入少许盐。

5　将蒸碗放入烧开的蒸锅中，盖上锅盖，用中火蒸约15分钟至其熟透。

6　取出蒸碗，搅拌几下，使肉粒松散。

7　另取一个小碗，倒入蒸好的瘦肉猪肝泥即可。

🍓 **小叮咛：** 可以在拌好的肉泥中加点儿水淀粉，肉质会更嫩，而且口感更细腻，利于宝宝吞咽和消化吸收。

西蓝花土豆泥

● **原料** 西蓝花 50 克，土豆 180 克

● **调料** 盐少许

扫扫二维码
轻松同步做美味

● **做法**

1. 汤锅中注水烧开，放入西蓝花，用小火煮 1 分 30 秒至熟，捞出，装盘待用。
2. 将去皮洗净的土豆切成块，装入盘中备用。
3. 将土豆放入烧开的蒸锅中，用中火蒸 15 分钟至熟透。
4. 把煮熟的土豆块取出，用刀背将土豆块压碎，再剁成泥。
5. 将西蓝花切碎，剁成末。
6. 取一个干净的大碗，倒入土豆泥，再放入西蓝花末。
7. 加入少许盐，用小勺子拌约 1 分钟至完全入味。
8. 将拌好的西蓝花土豆泥舀入另一个碗中即成。

🍓 **小叮咛：** 制作此道辅食时，也可将西蓝花切成稍大一点儿的粒，这样不仅能锻炼宝宝的咀嚼能力，并且有利于营养的吸收。

鸡肝粥

🥄 **原料**　鸡肝 200 克，水发大米 500 克

🥄 **调料**　盐 1 克，生抽 5 毫升

🥄 **做法**

1　将洗净的鸡肝切末。

2　砂锅注水，倒入泡好的大米，拌匀，用大火煮开后转小火续煮 40 分钟至熟软。

3　倒入切好的鸡肝拌匀，再放入盐、生抽，拌匀。

4　稍煮 5 分钟至鸡肝熟透，搅拌均匀。

5　关火后盛出煮好的鸡肝粥，装碗即可。

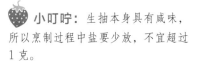　**小叮咛：**生抽本身具有咸味，所以烹制过程中盐要少放，不宜超过 1 克。

鸡肉包菜米粥

🌑 **原料** 鸡胸肉、胡萝卜各 40
克，包菜 35 克，豌豆
20 克，软饭 120 克

🌑 **调料** 盐 2 克

🌑 **做法**

1　汤锅中注入适量清水，倒入洗净的豌
豆，盖上盖，烧开后用小火煮 3 分钟
至熟。

2　捞出煮熟的豌豆，切碎，装盘备用。

3　包菜切碎，胡萝卜切成粒，鸡胸肉剁
成末。

4　汤锅中注水烧开，倒入软饭，搅散，
盖上盖，调成中火，煮 20 分钟至其
软烂。

5　倒入鸡肉，拌煮一会儿，再将胡萝
卜、包菜、豌豆倒入锅中，拌匀，煮
至沸腾。

6　加入适量盐，搅拌片刻至粥入味，盛
出装碗即可。

扫扫二维码
轻松同步做美味

🍓 **小叮咛：** 制作此粥时，可选用砂锅煮软
饭，这样能使粥的口感更爽滑。煮粥时水要一
次性加足，中途不宜再加水。

上海青鱼肉粥

🔵 **原料** 鲜鲈鱼、上海青各 50 克，水发大米 95 克

🔵 **调料** 盐 2 克，水淀粉 2 毫升

🔵 **做法**

1 将洗净的上海青切成丝，再切成粒。

2 处理干净的鲈鱼切成片，把鱼片装入碗中，放入少许盐、水淀粉，抓匀，腌渍 10 分钟至入味。

3 锅中注水烧开，倒入水发好的大米，拌匀。

4 盖上盖，用小火煮 30 分钟至大米熟烂。

5 倒入鱼片，搅拌匀，再放入切好的上海青，往锅中加入适量盐，用锅勺拌匀调味。

6 盛出煮好的粥，装入碗中即可。

🍓 **小叮咛**：鲈鱼片不宜腌渍太长时间，否则会影响口感，失去鱼肉原本的鲜味。出锅前放入上海青拌匀即可，以免煮太长时间造成青菜营养成分流失。

海鲜炖饭

🌙 **原料**　鱿鱼 70 克，虾仁 85 克，
蛤蜊肉 60 克，彩椒 40
克，洋葱 50 克，黄瓜
75 克，水发大米 170 克，
奶油 30 克，高汤 300
毫升

🌙 **做法**

1　将洗净的彩椒切细丝，再切成粒。

2　将洗好的黄瓜和洋葱切成小丁。

3　将处理好的鱿鱼切条，再切成小丁，
　　备用。

4　砂锅置于火上，倒入奶油，炒至溶化，
　　倒入鱿鱼、虾仁、蛤蜊肉，炒匀，放
　　入洋葱，炒匀炒香。

5　倒入大米，炒匀，倒入高汤，放入切
　　好的彩椒、黄瓜，摊开铺匀，盖上盖，
　　烧开后用小火煮至食材熟透。

6　搅匀，关火后盛出煮好的米饭即可。

扫扫二维码
轻松同步做美味

🍓 **小叮咛：** 可以将食材切成小丁，有助于
锻炼宝宝的咀嚼能力。海鲜本身有轻微的咸味，
所以烹饪过程中无须再加盐，以免宝宝摄入盐
量过多。

豌豆鸡肉稀饭

扫扫二维码
轻松同步做美味

🌀 **原料** 豌豆 25 克，鸡胸肉 50克，菠菜 60 克，胡萝卜 45 克，软饭 180 克

🌀 **调料** 盐 2 克

🌀 **做法**

1 沸水锅中放入鸡胸肉、豌豆，用小火煮 5 分钟，再放入菠菜，烫煮至熟软，捞出食材。

2 把菠菜、豌豆剁碎，放入木臼中，用力将其捣碎；再把鸡胸肉也剁成末，胡萝卜切成粒。

3 汤锅中注入适量清水，用大火烧开，倒入软饭，搅散，盖上盖，烧开后转小火煮至其软烂。

4 倒入胡萝卜，用小火煮 5 分钟至胡萝卜熟透。

5 搅拌一会儿，倒入鸡胸肉，再倒入豌豆末、菠菜，拌煮约 1 分钟。

6 调入少许盐，拌匀，略煮一会儿至锅中食材入味，关火后盛出即可。

🍓 **小叮咛：** 家长可根据宝宝的年龄确定食材的刀工处理，给 1 岁以上的宝宝食用，可将食材切成小粒，以锻炼宝宝的咀嚼能力。

青菜蒸豆腐

◯ **原料** 豆腐 100 克，上海青 60
克，熟鸡蛋 1 个

◯ **调料** 盐 2 克，水淀粉 4 毫升

◯ **做法**

1 锅中注入适量清水烧开，放入洗净的
上海青，焯煮至断生后捞出，沥干水
分，放凉后剁成末。

2 将豆腐压碎，剁成泥；熟鸡蛋取出蛋
黄，切成末。

3 将豆腐泥、上海青倒入碗中，拌匀，
加盐并拌至盐分溶化，淋入水淀粉，
拌匀上浆。

4 将拌好的食材装入另一个大碗中，抹
平，再均匀地撒上蛋黄末，即成蛋黄
豆腐泥。

5 蒸锅上火烧沸，放入装有蛋黄豆腐泥
的大碗，盖上盖子，用中火蒸约 8 分
钟至全部食材熟透。

6 关火后，取出蒸好的食材，摆好即可。

扫扫二维码
轻松同步做美味

🍓 **小叮咛：** 如果宝宝不喜欢豆腥味，可将
豆腐焯水后再压碎。抹平豆腐泥时，用牙签扎
几个气孔，可以缩短蒸熟食材的时间。

枣泥肝羹

扫扫二维码
轻松同步做美味

🌙 **原料** 西红柿 55 克，红枣 25 克，猪肝 120 克

🌙 **调料** 盐 2 克，食用油适量

🌙 **做法**

1 锅中注水烧开，放入西红柿烫一会儿，捞出，放凉后剥去表皮，切成小块。

2 红枣切开，去核，剁碎。

3 处理好的猪肝切小块，放入榨汁机中搅成泥，装入蒸碗中。

4 往碗中倒入西红柿、红枣，加少许盐、食用油，搅拌匀，腌渍 10 分钟至其入味。

5 蒸锅上火烧开，放入蒸碗，盖上锅盖，用中火蒸约 15 分钟至熟，取出即可。

🍓 **小叮咛：** 如果担心宝宝消化不了红枣皮，可将红枣用清水浸泡 1 小时后剥去外皮及内核，再将枣肉剁碎。在腌渍猪肝泥时加少许水淀粉，可使蒸出来的猪肝口感更佳。

奶味软饼

○ **原料**　鸡蛋1个，牛奶150毫
升，面粉100克，黄豆
粉80克

○ **调料**　盐少许，食用油适量

○ 做法

1　锅中注水烧热，倒入适量牛奶、盐，
倒入黄豆粉，充分搅拌匀，直至成为
糊状，打入鸡蛋，搅散，制成鸡蛋糊，
待用。

2　将面粉倒入大碗中，放入鸡蛋糊，搅
拌匀，制成面糊。

3　注入适量清水，搅拌均匀，静置待用。

4　平底锅烧热，注入适量食用油；取少
许面糊，放入平底锅中，用木铲压平，
煎片刻。

5　再倒入剩余的面糊，压平，制成饼状，
轻轻翻动面饼，转动平底锅，煎香。

6　将面饼翻面，煎至两面熟透，关火后
取出即可。

扫扫二维码
轻松同步做美味

🍓 **小叮咛：**调制面糊时，浓稠度要把握好，
太稀不利于成形，太稠摊不开。煎制软饼时，
待其成形后应用小火，以免软饼焦煳，导致口
感过硬。

鱿鱼蔬菜饼

- **原料**　去皮胡萝卜90克，去壳的鸡蛋1个，鱿鱼80克，生粉30克，葱花少许

- **调料**　盐1克，食用油适量

🍓 **小叮咛：**处理鱿鱼时将其外膜撕去，可使鱿鱼口感更佳、更易咀嚼。调制面糊时，也可加入适量青菜碎，使营养更均衡。

- **做法**

1　将洗净去皮的胡萝卜切碎，洗净的鱿鱼切丁。
2　取空碗，倒入生粉、胡萝卜碎、鱿鱼丁、鸡蛋，再倒入葱花，搅拌均匀。
3　倒入适量清水，搅拌成面糊，加少量盐调味。
4　用油起锅，倒入面糊，煎约3分钟至底部微黄；翻面，续煎2分钟至两面焦黄。
5　关火后将煎好的鱿鱼蔬菜饼取出放凉，再切小块。
6　将切好的鱿鱼蔬菜饼装盘即可。

肉末茄泥

🥄 **原料**　肉末 90 克，茄子 120
　　　　克，上海青少许

🥄 **调料**　盐少许，生抽、食用油
　　　　各适量

🥄 **做法**

1 将洗净的茄子去皮，切成段，再切
　成条。
2 将洗好的上海青切丝，再切成末。
3 把茄子放入烧开的蒸锅中，用中火蒸
　15分钟至熟。
4 把蒸熟的茄子取出，放凉后剁成泥。
5 用油起锅，倒入肉末，翻炒至松散、
　转色，放入生抽，炒匀、炒香。
6 放入切好的上海青，炒匀。
7 放入茄子泥，加入少许盐，翻炒均
　匀，盛出装盘即可。

扫扫二维码
轻松同步做美味

🍓 **小叮咛：** 要选用深紫色、有光泽、柄
未干枯、个体粗细均匀的新鲜茄子。生抽可
以不放。

清蒸红薯

🍃 **原料**　红薯 350 克

🍃 **做法**

1　将洗净去皮的红薯切滚刀块，装入蒸盘中。
2　蒸锅上火烧开，放入蒸盘。
3　盖上盖，用中火蒸约 15 分钟，至红薯熟透。
4　取出蒸好的红薯，待稍微放凉后即可食用。

🍓 **小叮咛**：红薯宜用中火蒸，这样蒸出来会更香甜。红薯吃多了容易导致胀气、腹痛，妈妈注意不要让宝宝过多食用。

三鲜鸡腐

🌑 **原料**　鸡胸肉 150 克，豆腐 80
克，鸡蛋 1 个，姜末、
葱花各少许

🌑 **调料**　盐 2 克，鸡粉 1 克，水
淀粉、食用油各适量

🌑 **做法**

1　将鸡蛋取蛋清，豆腐压烂，鸡胸肉切
成条，改切丁。

2　取榨汁机，选绞肉刀座组合，杯中倒
入豆腐、鸡肉丁、蛋清，将食材搅成
鸡肉豆腐泥。

3　把泥倒入大碗中，加入姜末、葱花，
拌匀。

4　取数个小汤匙，都蘸上食用油，放入
适量鸡肉豆腐泥，然后放入烧开的蒸
锅，盖上盖，用中火蒸 5 分钟至熟。

5　把鸡肉豆腐泥从汤匙中取下，装盘。

6　用油起锅，加入适量清水、盐、鸡粉，
拌匀煮沸，再倒入适量水淀粉勾芡，
把芡汁浇在鸡肉豆腐泥上即可。

扫扫二维码
轻松同步做美味

🍓 **小叮咛：**制作此菜肴前可先将豆腐放入
水中焯煮片刻，去除酸味。汤匙蘸上一层薄薄
的食用油，可以方便蒸熟后取出鸡肉。

菠菜拌鱼肉

扫扫二维码
轻松同步做美味

● **原料**　菠菜 70 克，草鱼肉
　　　　　80 克

● **调料**　盐少许，食用油适量

● **做法**

1　汤锅中注入适量清水，用大火烧开，放入菠
　菜，煮 4 分钟至熟。

2　把煮熟的菠菜捞出，装盘备用。

3　将装有鱼肉的盘子放入烧开的蒸锅中，盖上
　盖，用大火蒸 10 分钟至熟，把蒸熟的鱼肉
　取出。

4　将菠菜切碎；用刀把鱼肉压烂，剁碎。

5　用油起锅，倒入备好的鱼肉，再放入菠菜，
　放入少许盐，拌炒均匀，炒出香味。

6　将锅中材料盛出，装入碗中即可。

🍓 **小叮咛**：菠菜入锅后不宜煮制
太长时间，以免造成营养流失。草鱼
刺多，妈妈要注意将鱼肉中的刺一一
挑出。

鱼肉蒸糕

扫扫二维码
轻松同步做美味

- **原料** 草鱼肉 170 克，洋葱 30 克，蛋清少许

- **调料** 盐、鸡粉各 2 克，生粉 6 克，黑芝麻油适量

做法

1 将去皮洗净的洋葱切碎；洗好的草鱼肉去皮，再将鱼肉切条块，改切成丁。

2 取榨汁机，选绞肉刀座组合，杯中倒入鱼肉丁、洋葱、蛋清和少许盐，将食材搅成鱼肉泥。

3 把鱼肉泥装入碗中，顺一个方向搅至起浆，放入盐、鸡粉、生粉和黑芝麻油，搅匀。

4 取一个干净的盘子，倒入少许黑芝麻油，抹匀；将鱼肉泥装入盘中，抹平；再加入少许黑芝麻油，抹匀，制成饼坯。

5 把饼坯放入烧开的蒸锅中，盖好盖，大火蒸 7 分钟；取出鱼肉糕，用刀切成小块即可。

🍓 **小叮咛：**切鱼时应将鱼皮的一面朝下，刀口斜入，最好顺着鱼刺切，这样切起来更干净利落。也可将鱼肉泥做成有趣的形状以吸引宝宝的好奇心，调动宝宝食欲。

包菜鸡蛋汤

扫扫二维码
轻松同步做美味

● **原料** 包菜 40 克，蛋黄 2 个

● **调料** 盐 1 克

● **做法**

1 将洗净的包菜切碎。

2 沸水锅中倒入包菜碎，氽至断生，捞出，沥干水分，装盘待用。

3 在备好的蛋黄中倒入包菜碎，搅拌均匀成包菜蛋液。

4 另起锅，注入约 600 毫升清水烧开，倒入包菜蛋液，搅匀，煮约 1 分钟至汤水烧开。

5 加入盐，搅匀调味。

6 关火后盛出煮好的汤，装碗即可。

🍓 **小叮咛：** 煮汤过程中要撇去汤面的浮沫，保证汤的良好口感；汤品中还可以加入少许切小的菌类，营养更全面。

青菜猪肝汤

🥣 **原料**　猪肝 90 克，菠菜 30 克，高汤 200 毫升，胡萝卜 25 克，西红柿 55 克

🥣 **调料**　盐 2 克

🥣 **做法**

1　将洗净的菠菜切碎。
2　将洗好的猪肝切片，再切条，改切成粒。
3　将洗净的西红柿切片，改切成粒。
4　将洗好的胡萝卜切片，再切丝，改切成粒。
5　用油起锅，倒入适量高汤，加入适量盐，倒入胡萝卜、西红柿，烧开。
6　放入猪肝，拌匀煮沸。
7　下入切好的菠菜，搅拌均匀，用大火烧开。
8　将锅中汤料盛出，装入碗中即可。

扫扫二维码
轻松同步做美味

🍓 **小叮咛**：煮制此汤时，选用呈褐色或紫色、有弹性、有光泽、无腥臭异味的新鲜猪肝，口感会更佳。放入猪肝烧开后撇去浮沫，可使汤变得更美观。

蛋花浓米汤

扫扫二维码
轻松同步做美味

◎ **原料**　水发大米 170 克，鸡蛋
1 个

◎ **做法**

1　将鸡蛋打入碗中，快速搅拌一会儿，制成蛋
液，待用。

2　砂锅中注入适量清水烧开，倒入洗净的大米。

3　加盖，烧开后用小火煮约 35 分钟，至汤汁
呈乳白色。

4　揭盖，捞出米粒，再倒入蛋液，搅拌匀，至
液面浮现蛋花。

5　关火后倒出煮好的浓米汤，装在小碗中即可。

🍓 **小叮咛：** 煮好的米汤再焖一下，
会更浓稠。米汤煮好后淋入少许芝麻油，
可以使此米汤的味道更佳。

玉米豆浆

🌙 **原料** 玉米粒 45 克，水发黄豆 55 克

🌙 **做法**

1 将已浸泡 8 小时的黄豆倒入碗中，加入适量清水，用手搓洗干净。
2 将洗好的黄豆倒入滤网，沥干水分。
3 把沥干的黄豆倒入豆浆机中，倒入洗净的玉米粒，注入适量清水，至水位线即可。
4 盖上豆浆机机头，选择"五谷"程序，再选择"开始"键，开始打浆。
5 待豆浆机运转约 15 分钟，即成豆浆。
6 将豆浆机断电，取下机头，把煮好的豆浆倒入滤网，滤取豆浆。
7 倒入杯中，用汤匙撇去浮沫即可。

扫扫二维码
轻松同步做美味

🍓 **小叮咛：** 挑选食材时选择鲜嫩多汁的玉米，能使口味更佳。玉米胚芽营养价值较高，剥玉米粒时应尽量保留。

19 ~ 36 个月宝宝喂养指南

幼儿期是孩子锻炼基本生活能力，培养和巩固良好饮食习惯的重要时期。宝宝一岁半后，肠道消化系统逐渐发育完善，饮食种类和时间大体与成人相同，但是还要注意营养均衡，并供给清淡、易消化的食物。

 宝宝的发育特点

项目 / 月龄		19 ~ 24 个月	25 ~ 36 个月
身长（厘米）	男	83.6 ~ 88.5	89.4 ~ 97.5
	女	82.5 ~ 87.2	88.1 ~ 96.3
体重（千克）	男	11.50 ~ 12.54	12.73 ~ 14.65
	女	10.86 ~ 11.92	12.11 ~ 14.13
口腔与消化功能		20 个月后长出 2 颗磨牙；发育快的宝宝在 10 ~ 18 个月就会长出全部牙齿。此时，宝宝消化蛋白质的胃液已经充分发挥作用，可多吃一些蛋白质食物，但消化系统尚未发育完善，食物应以细、软、烂为主。	到 3 岁时，20 颗乳牙已全部长齐，但咀嚼能力仅达到成人的 40%。宝宝的消化系统日趋完善，但消化能力仍有限，尤其是对固体食物的消化还需要较长时间适应。
体能特征		能自如地走路和跑步，模仿大人做简单的体操，能熟练地用杯子喝水。	可以灵活地玩接球、拍球的游戏；会单脚站立、练习跳跃；愿意参加集体活动。
智力特征		宝宝可以使用的单词量大大增加，也可以用两个词造句；喜欢提问；想象力得到提高；会自己脱鞋袜。	会使用敬语，语言能力明显提高；能分清大小和两种以上的颜色；会用笔画图；和其他小朋友有了初步交往。

宝宝的喂养要点

宝宝的活动能力大大提升，对食物和营养的需求也有所增加。这个时候要防止宝宝养成不好的饮食习惯，如出现这种情况应及时纠正。

奶与辅食的比例	有 80% 的营养来源于正餐，20% 来源于加餐。应先保证正餐的进食量，酌情添加点心。
辅食添加的方法	此时的宝宝饮食不能太单一，要准备饭、菜、汤等形式的菜谱。饭也不再是软饭，可以吃跟成人一样的米饭，但不宜给宝宝喂汤泡饭，因为汤泡饭会使养成宝宝不咀嚼饭粒而直接吞咽的习惯，会加重消化负担，有的宝宝可能还会出现拒绝吃饭的恶性循环。
正确喂食的方法	孩子可以自己用门牙咬断食物，再配合唇部活动将食物送进口中，并慢慢找到适合自己的进食节奏。所以，这一时期妈妈不应该再喂小孩，而是让孩子练习使用勺子，学会自己吃饭。

一日饮食安排推荐

		19 ~ 24 个月的宝宝	25 ~ 36 个月的宝宝
喝奶次数及量		2次/天，200~250毫升/次	2次/天，200~250毫升/次
进餐次数		3次/天	3次/天
喂食时间	7：00	早饭	
	10：00	点心 + 配方奶或鲜奶	
	12：00	午饭	
	15：00	点心 + 配方奶或鲜奶	
	18：30	晚饭	
备注	若早上起床晚，可以取消上午的点心。每日按需饮水。		

妈妈喂养经

此时宝宝所需的大部分营养要靠正餐获得，因此要养成宝宝良好的饮食习惯，培养宝宝对正餐的兴趣。

进食不能强迫

这一阶段的宝宝对外界探索的兴趣明显增加，因而容易对吃饭失去兴趣。对此，大人应从正面有技巧地引导，如安排好宝宝的活动、增加食物的种类、美化食物的外观等，千万不要一味强迫宝宝进食。宝宝吃多吃少，是由他的生理和心理状态所决定的，绝不是以大人的主观愿望为转移的，强迫宝宝吃饭，会影响宝宝的健康发育。

尊重宝宝对食物的品味

为宝宝烹调食物时，父母们需要注意的一点是，不能因为宝宝只吃一点点就凑合，或用水煮一煮或蒸熟了就喂给宝宝吃。吃对宝宝来说不仅仅是为了填饱肚子，宝宝也要品尝食物的美味，也要观赏食物的色泽。父母不但要了解和照顾到宝宝的食量，还要懂得尊重宝宝对食物的品味。为了促进食欲，烹饪时要注意食物的色、味、形，提高宝宝就餐兴趣。

培养宝宝良好的进餐习惯

让宝宝练习自己拿勺吃饭，自己拿着奶瓶喝奶，自己拿着学饮杯喝水。一定要让宝宝坐在固定的餐椅上、餐桌旁进餐，不让宝宝到处走着吃，也不能到处追着宝宝喂。不让宝宝边看电视、看书边吃饭，不让宝宝在吃饭时做与吃饭无关的事情。吃饭的环境要尽量安静，如果放音乐，要放优美轻松的音乐，周围人不要随意走动、大声喧哗。如果宝宝和成人在一桌吃饭，不要对饭菜进行批评。不在吃饭时教育和训斥宝宝，成人不在饭桌上争吵。

处理好正餐与点心的关系

从体重上来说，幼儿每千克体重所需要的营养是成人的 2 ~ 3 倍。但幼儿的胃较小，单凭三餐吃饱并不能满足身体的需要，所以正餐之间的加餐成了补充营养的重要途径。烤红薯、饭团等都是不错的加餐选择。另外，随着孩子年龄增大，喝奶量会越来越少，为了孩子的健康成长，最好还是让他们有计划地多喝些牛奶。

食材的选择及烹调重点

　　本阶段是孩子通过一日三餐来补充大部分必需热量的时期，也是决定其一生饮食习惯的时期。所以，此阶段食材的选用、烹饪方式的选择依然非常重要。

宜吃食材		
大米	黄豆	鸡胸肉
红豆	黄瓜	鳕鱼
大麦	南瓜	虾
荞麦	西蓝花	鸡蛋
玉米	胡萝卜	牛奶
土豆	洋葱	葡萄
红薯	香菇	猕猴桃
板栗	牛肉	燕麦片

忌吃食材	
生鸡蛋	咸菜
速溶汤	咸鱼
方便面	碳酸饮料

　　◆**准备多种食材：**组成宝宝食物的种类越多，含有的食品群越多，就可以提供越全面的营养素。

　　◆**优先选择含钙和蛋白质丰富的食物：**宝宝正处在成长期，身体需要足够的蛋白质和钙质。海鲜含有丰富的蛋白质和钙质，也容易消化吸收，是常用的宝宝食材。

　　◆**合理烹饪：**含膳食纤维高的蔬菜应充分切碎并加热，以适应宝宝尚未发育完全的咀嚼能力。

　　◆**更换菜谱：**相比大人，宝宝更容易厌烦同一件事物，菜谱也是如此。妈妈应制作多种多样的食物，以 7 ~ 10 天为周期，适时更换菜谱，以增加宝宝的就餐兴趣。

扫扫二维码
轻松同步做美味

19 ~ 36 个月宝宝的食谱

蛋花麦片粥

🌑 **原料**　鸡蛋 1 个，燕麦片 50 克

🌑 **调料**　盐 2 克

🌑 **做法**

1　将鸡蛋打入碗中，用筷子打散，调匀。
2　锅中注入适量清水烧热。
3　倒入适量燕麦片，搅拌匀。
4　盖上盖，用小火煮约 20 分钟至燕麦片
　　熟烂。
5　倒入备好的蛋液，拌匀，加入适量盐，
　　拌匀煮沸。
6　将锅中煮好的粥盛出，装入碗中即可。

🍓 **小叮咛：** 燕麦片煮沸后要转小
火煮，以免溢出来。也可以先将燕麦
片用水泡发，这样可以缩短煮制时间。

菠菜芹菜粥

🌀 **原料**　水发大米 130 克，菠菜
　　　　　60 克，芹菜 35 克

🌀 **做法**

1　将洗净的菠菜切小段，洗好的芹菜切丁。
2　砂锅注水烧开，放入洗净的大米，拌
　　匀，使其散开。
3　盖上盖，烧开后用小火煮约 35 分钟，
　　至米粒变软。
4　倒入切好的菠菜，拌匀。
5　再放入芹菜丁，拌匀，煮至断生。
6　关火后盛出煮好的菠菜芹菜粥，装在
　　碗中即可。

扫扫二维码
轻松同步做美味

🍓 **小叮咛：** 芹菜含膳食纤维较多，烹饪时
要切小、煮软，且量不宜多，这样才更利于宝
宝消化吸收。

鲜鱼豆腐稀饭

扫扫二维码
轻松同步做美味

原料 草鱼肉 80 克，胡萝卜 50 克，豆腐 100 克，洋葱 25 克，杏鲍菇 40 克，稀饭 120 克，海带汤 250 毫升

做法

1 将处理好的草鱼肉放入蒸锅中，蒸约 10 分钟至熟，取出鱼肉，放凉待用。

2 洗净的胡萝卜切成粒，洋葱切成碎末，杏鲍菇切成粒，豆腐切小方块。

3 将放凉的草鱼肉去除鱼皮、鱼骨，把鱼肉剁碎，备用。

4 砂锅中注水烧热，倒入海带汤，用大火煮沸。

5 依次放入余下的食材，拌匀、搅散。

6 盖上盖，煮约 20 分钟；拌匀，关火后盛出即可。

小叮咛：洋葱切好后可浸在淡盐水中泡一会儿，口感会更清脆。稀饭煮好后可以往里加点儿捣碎的熟鸡蛋，会更有营养。

牛肉南瓜粥

🔵 **原料** 水发大米 90 克，去皮南瓜 85 克，牛肉 45 克

🔵 **做法**

1 蒸锅上火烧开，放入洗好的南瓜、牛肉，盖上盖，用中火蒸约 15 分钟至其熟软。

2 取出蒸好的材料，放凉待用。

3 将放凉的牛肉切成粒，南瓜剁碎，备用。

4 砂锅中注入适量清水烧开，倒入洗好的大米，搅拌匀，盖上盖，烧开后用小火煮约 10 分钟。

5 倒入备好的牛肉、南瓜，拌匀，再盖上盖，用中小火煮至所有食材熟透。

6 搅拌至粥浓稠，关火后盛出即可。

扫扫二维码
轻松同步做美味

🍓 **小叮咛：** 牛肉一定要煮熟透，否则宝宝不易咀嚼，也影响消化。将焯熟的青菜切碎以后撒在煮好的粥上面，营养会更全面，成品也更美观。

鸡肉口蘑稀饭

🔵 **原料**　鸡胸肉 90 克，口蘑 30 克，上海青 35 克，奶油 15 克，米饭 160 克，鸡汤 200 毫升

🔵 **做法**

1　将洗净的口蘑、上海青、鸡胸肉分别切成小丁块，备用。

2　砂锅置于火上，倒入奶油，翻炒至溶化。

3　倒入切好的鸡胸肉，炒匀、炒香。

4　放入切好的口蘑，炒匀，加入鸡汤，搅拌匀。

5　倒入米饭，炒匀、炒散，盖上盖，烧开后用小火煮约 20 分钟。

6　放入上海青，拌匀，煮约 3 分钟至食材熟透。

7　关火后盛出煮好的稀饭即可。

🍓 **小叮咛**：清洗口蘑前先将其在淘米水中浸泡 10 分钟，可以清除蘑菇上的杂质和黏液。盖上盖子煮稀饭时要经常观察，不要让稀饭溢出锅外。

鸡肉布丁饭

● 原料　鸡胸肉 40 克，胡萝卜 30 克，鸡蛋 1 个，芹菜 20 克，牛奶 100 毫升，软饭 150 克

● 做法

1　将鸡蛋打入碗中，打散，调匀。
2　将洗好的胡萝卜、芹菜、鸡胸肉切成粒。
3　将米饭倒入碗中，再放入牛奶和蛋液，拌匀。
4　放入鸡肉丁、胡萝卜、芹菜，搅拌匀。
5　将拌好的食材装入碗中，再将碗放入烧开的蒸锅中。
6　盖上盖，用中火蒸 10 分钟至熟；把蒸好的米饭取出，待稍微冷却后即可食用。

扫扫二维码
轻松同步做美味

🍓 **小叮咛：** 选择事先蒸好的软米饭，这样可以避免烹饪此饭时蒸不熟。牛奶不要放太多，以免掩盖其他食材的味道。

什锦煨饭

扫扫二维码
轻松同步做美味

🔵 **原料** 鸡蛋1个，土豆、胡萝卜各35克，青豆、猪肝各40克，米饭150克，葱花少许

🔵 **调料** 盐2克，鸡粉少许，食用油适量

🍓 **小叮咛**：米饭可以保留少量的水分，这样煨好的米饭口感更松软。蛋液最后淋入锅中翻炒即可，这样炒出的鸡蛋更加嫩滑。

🔵 **做法**

1 将胡萝卜切粒，土豆切丁，猪肝剁成细末。

2 鸡蛋打入碗中，搅散、调匀，制成蛋液。

3 用油起锅，倒入切好的猪肝，翻炒一会儿至其松散，再倒入土豆丁，撒入胡萝卜粒，翻炒匀。

4 注入适量清水，搅匀，调入盐、鸡粉，再下入青豆，盖上盖子，用小火焖煮至食材熟软。

5 搅动几下，再倒入备好的米饭，拌炒至米粒散开，再用中火煮片刻至汤汁沸腾。

6 淋入备好的蛋液，翻炒至蛋液熟透。

7 撒上葱花，炒出葱香味，关火盛出即可。

紫菜萝卜饭

原料 去皮白萝卜 55 克，去皮胡萝卜 60 克，水发大米 95 克，紫菜碎 15 克

做法

1 将洗净去皮的白萝卜、胡萝卜分别切成丁，待用。
2 砂锅中注水烧开，倒入泡好的大米，搅匀，放入白萝卜丁、胡萝卜丁，搅拌均匀。
3 用大火煮开后转小火煮 45 分钟至食材熟软。
4 倒入紫菜碎，搅匀。
5 焖 5 分钟至紫菜味香浓。
6 关火后，将煮好的紫菜萝卜饭装碗即可。

扫扫二维码
轻松同步做美味

小叮咛： 锅中加入紫菜碎后焖煮 5 分钟即可，如果时间过长会使米饭颜色变暗，影响观感。可以留一些紫菜碎撒在煮好的饭上面，以增加美观度并丰富口感。

三色饭团

🔵 **原料**　菠菜 45 克，胡萝卜 35
克，冷米饭 90 克，熟
蛋黄 25 克

🔵 **做法**

1　将熟蛋黄碾成末，洗净的胡萝卜切成粒。
2　锅中注水烧开，倒入菠菜，煮至变软，捞出
　菠菜，沥干水分，放凉待用。
3　沸水锅中放入胡萝卜，焯煮一会儿，捞出胡
　萝卜，沥干水分，待用。
4　将放凉的菠菜切碎，待用。
5　取一大碗，倒入米饭、菠菜、胡萝卜，放入
　蛋黄，和匀至其有黏性。
6　将拌好的米饭制成几个大小均匀的饭团，放
　入盘中，摆好即可。

🍓 **小叮咛：**给宝宝食用前，要先
将冷的饭团加热至温热。制作时，还
可以加入少许肉松，营养又美味。

豆浆猪猪包

原料　面粉 245 克，豆浆 80 毫升，红曲粉 3 克，酵母粉 5 克

做法

1　取一个碗，倒入 200 克面粉，加入酵母粉，然后一边倒入豆浆一边搅拌均匀。

2　将面粉揉搓成面团，装入碗中，用保鲜膜封住碗口，放常温处醒 15 分钟后取出，撒上适量面粉，将面团充分揉匀。

3　取适量面团，加入红曲粉，揉搓成红面团；将剩下的面团分做成两个猪身子；取适量红面团，捏制成眼睛、鼻子、耳朵，安在猪身上。

4　盘子中撒上适量面粉，将生坯装入盘中。

5　电蒸锅注水烧开，放入生坯，盖上盖，调转旋钮定时 15 分钟至蒸熟，取出后即可食用。

小叮咛：给面团发酵时放置在较温暖的地方，可缩短发酵时间。也可根据宝宝的喜好，将面团捏成其他的形状，以激发宝宝的食欲。

西红柿碎面条

扫扫二维码
轻松同步做美味

🌀 **原料** 西红柿 100 克，龙须面 150 克，清 鸡 汤 400 毫升

🍓 **小叮咛**：西红柿煮到表皮起皱后再捞出，去皮会更方便。也可以在汤中加入少量青菜碎和西蓝花碎略煮一会儿，使营养更全面。

🌀 **做法**

1 在洗净的西红柿上划上"十"字花刀，放入沸水中，略煮片刻，捞出，放入凉水中浸泡片刻。

2 将西红柿剥去皮，切成丁，备用。

3 锅中注入适量清水烧开，倒入龙须面，煮至熟软，将面条捞出，沥干水分，装入碗中，待用。

4 热锅注油，放入西红柿，翻炒片刻。

5 倒入适量鸡汤，略煮一会儿。

6 关火后将煮好的汤料盛入面中即可。

软煎鸡肝

◯ **原料** 鸡肝 80 克，蛋清 50 毫
升，面粉 40 克

◯ **调料** 盐 1 克，料酒 2 毫升

◯ **做法**

1 汤锅中注入适量清水，放入洗净的鸡
肝，加少许盐、料酒，盖上盖，烧开
后煮 5 分钟至鸡肝熟透。

2 把煮熟的鸡肝取出，放凉备用。

3 将鸡肝切成片。

4 把面粉倒入碗中，加入蛋清，搅拌均
匀，制成面糊。

5 煎锅注油烧热，将鸡肝裹上面糊，放
入煎锅中，用小火煎约 1 分钟，煎出
香味。

6 翻面，略煎至鸡肝熟，将煎好的鸡肝
取出装盘即可。

扫扫二维码
轻松同步做美味

🍓 **小叮咛：** 先将鸡肝煮熟会更好切片，也
能使切出的鸡肝片平整好煎。鸡肝片要切得薄
一点儿，这样才有利于鸡肝煎透熟软。

五彩鸡米花

扫扫二维码
轻松同步做美味

🌀 **原料**　鸡胸肉 85 克，圆椒、茄子各 60 克，哈密瓜 50 克，胡萝卜 40 克，姜末、葱末各少许

🌀 **调料**　盐、水淀粉各 3 克，料酒 3 毫升，食用油适量

🍓 **小叮咛**：事先将鸡肉放入水淀粉腌渍一会儿，使其口感更嫩滑。焯煮食材时，要把握好时间，以免影响鲜美的口感。

🌀 **做法**

1　将去籽的圆椒、胡萝卜切成丁，哈密瓜、茄子、鸡胸肉切成粒。

2　将鸡胸肉装入碗中，放入少许盐、水淀粉，抓匀，再加入少许食用油，腌渍 3 分钟至入味。

3　锅中注水烧开，放入胡萝卜、茄子，煮 1 分钟，下入圆椒、哈密瓜，再煮半分钟，捞出。

4　用油起锅，倒入姜末、葱末，爆香。

5　放入鸡胸肉，翻炒松散至鸡肉转色，淋入少许料酒，拌炒香。

6　倒入焯过水的食材，拌炒匀，加适量盐，炒匀调味。

7　将炒好的材料盛出，装入碗中即可。

清甜三丁

🌙 **原料** 山药 120 克，黄瓜 100
克，杭果 135 克

🌙 **调料** 盐 2 克，鸡粉少许，食
用油适量

🌙 **做法**

1 把去皮洗净的山药切成丁。

2 将去皮洗好的黄瓜对半切开，去除瓜
瓤，再切成细条，改切成丁。

3 将去皮洗净的杭果切开，切成条形，
再切成小丁。

4 锅中注入适量清水，用大火烧开，倒
入山药丁，煮约半分钟。

5 下入切好的黄瓜，续煮约半分钟；最
后倒入杭果丁，拌煮约半分钟。

6 捞出焯好的食材，沥干水分，放在盘
中，待用。

7 炒锅注油，烧至三成热，转小火，倒
入焯煮好的食材，再加入盐、鸡粉，
用中火翻炒至食材入味，关火后盛出
即可。

扫扫二维码
轻松同步做美味

🍓 **小叮咛：** 杭果味道有点儿涩，若宝宝吃
不习惯，刚开始可以减少杭果的用量。鸡粉也
可以不放。

莲藕小丸子

扫扫二维码
轻松同步做美味

🟢 **原料**　莲藕 90 克

🟢 **调料**　盐少许，鸡粉 2 克，生
粉、白醋各适量

 小叮咛：莲藕丁最好切得小一
点儿，更利于磨碎。丸子下面可以垫上
胡萝卜薄片一起蒸，丸子味道会更好。

🟢 **做法**

1 将洗净去皮的莲藕切片，再切条，改切成丁。

2 将莲藕丁放入碗中，注入清水，淋入白醋，
搅拌匀，静置 10 分钟。

3 取榨汁机，选择搅拌刀座组合，倒入藕丁，
盖上盖，选择"搅拌"功能，至其成细粉。

4 将搅拌好的莲藕倒出，装入碗中，待用。

5 加入适量盐、鸡粉，再撒上生粉，搅拌至藕
粉起浆。

6 揉搓成数个大小一致的丸子，装入蒸盘，待用。

7 蒸锅上火烧开，放入蒸盘，盖上锅盖，用中
火蒸 8 分钟至熟。

8 取出蒸盘，待稍微放凉后即可食用。

美味蛋皮卷

🌀 **原料** 冷米饭 110 克，鸡蛋 50 克，西红柿 20 克，胡萝卜 45 克，洋葱少许

🌀 **调料** 盐、鸡粉各 1 克，芝麻油、食用油各适量

🌀 **做法**

1 将洋葱、胡萝卜切成粒，西红柿切成小丁。

2 鸡蛋打入碗中，打散调匀，制成蛋液。

3 煎锅上火烧热，倒入蛋液，摊开，用中火煎成蛋皮；翻转蛋皮，再煎一会儿，取出待用。

4 用油起锅，倒入胡萝卜、洋葱，炒匀，再倒入西红柿，炒匀，放入米饭，炒松散，加入盐、鸡粉，炒匀调味。

5 淋入芝麻油，炒至入味，关火后将食材盛入碗中，即成馅料。

6 取蛋皮，置于案板上，铺平，放上炒好的馅料，压紧，再将蛋皮卷起，制成蛋卷；把蛋卷切成小段，放在盘中，摆好即可。

扫扫二维码
轻松同步做美味

🍓 **小叮咛**：洋葱切开后，放入凉水泡一下再切，就不会刺激眼睛。将馅料铺在蛋皮上时，将一边留出少许空余，有利于封边。

猪肉包菜卷

扫扫二维码
轻松同步做美味

🥄 **原料**　肉末60克，包菜70克，西红柿75克，洋葱50克，蛋清40克，姜末少许

🥄 **调料**　盐2克，水淀粉适量，生粉、番茄酱各少许

🍓 **小叮咛：** 将包菜煮至软后再卷成卷，这样才更易卷成形。在包菜卷边上涂上蛋清，能更好地封口，使包菜卷不容易散。

🥄 **做法**

1　包菜焯煮2分钟，捞出，放凉后修整齐；西红柿去皮，切碎；洋葱切成丁。

2　取一个大碗，放入西红柿、肉末、洋葱、姜末、盐、水淀粉，拌匀制成馅料。

3　蛋清中加入少许生粉，拌匀待用。

4　取包菜，放入适量馅料，卷成卷，用蛋清封口，制成几个生坯，装入蒸盘。

5　将蒸盘放入蒸锅中，用中火蒸约20分钟，取出。

6　用油起锅，加入少许番茄酱、清水、适量水淀粉，搅拌均匀，浇在包菜卷上即可。

时蔬肉饼

● **原料**　菠菜、芹菜各 50 克，
西红柿、土豆各 85 克，
肉末 75 克

● **调料**　盐少许

● **做法**

1　锅中注入适量清水烧开，放入西红柿，
烫煮 1 分钟，去除表皮，备用。

2　将去皮洗净的土豆对半切开，再切粗
丝；芹菜切成粒，再剁成末；菠菜切
碎；西红柿对半切开，去蒂，剁碎。

3　将土豆放入烧开的蒸锅中，蒸至熟透，
取出，用刀剁成泥。

4　将土豆泥装入碗中，放入肉末，拌匀
后放少许盐，加入西红柿、芹菜、菠菜，
拌匀，制成蔬菜肉泥。

5　取蔬菜肉泥放入模具中，压实，取出
制成饼坯，放入烧开的蒸锅中，用大
火蒸至熟。

6　将蒸熟的肉饼取出，装入另一个盘中
即可。

扫扫二维码
轻松同步做美味

🍓 **小叮咛：**可以在肉泥中加入熟蛋黄拌匀，
做成时蔬蛋黄肉饼。也可以根据宝宝喜好和营
养需要选择其他种类的时蔬，如西蓝花、胡萝
卜等。

爱心蔬菜蛋饼

🍵 **原料**　菠菜60克，土豆100克，南瓜80克，豌豆50克，鸡蛋2个，牛油、面粉各适量

🍵 **调料**　盐2克，食用油少许

🍓 **小叮咛**：面糊一定要搅拌均匀至没有面粉颗粒，可以将面糊按顺时针方向不停搅拌。鸡蛋饼一面煎成型后，要及时翻面，以防糊锅。

🍵 **做法**

1　将菠菜切成碎末，南瓜、土豆切成细丝。

2　沸水锅中加入盐和食用油，倒入豌豆，煮约半分钟，放入南瓜、土豆、菠菜，煮约半分钟，捞出食材，沥干水分。

3　将沥干的食材倒入大碗，打入鸡蛋，加盐，拌匀，撒上适量面粉，搅拌成面糊状。

4　煎锅注入食用油，烧至五成热，转小火，倒入面糊，摊成饼状，再转中火，晃动煎锅，煎至成形。

5　翻转蛋饼，放入牛油，用小火煎至两面熟透。

6　关火后盛出蛋饼，修成"心"形即可。

猪肝豆腐汤

🌀 **原料**　猪肝 100 克，豆腐 150
　　　克，葱花、姜片各少许

🌀 **调料**　盐 2 克，生粉 3 克

🌀 **做法**

1　锅中注入适量清水烧开，倒入洗净切
　块的豆腐，煮至断生。
2　放入已经洗净切好，并用生粉腌渍过
　的猪肝丁，撒入姜片、葱花，煮至沸。
3　加少许盐，拌匀调味。
4　用小火煮约 5 分钟，至汤汁收浓。
5　关火后盛出煮好的汤料，装入碗中
　即可。

扫扫二维码
轻松同步做美味

🍓 **小叮咛**：猪肝容易累积毒素，在烹饪前
可以用清水浸泡 1 小时，以去除其毒素。汤煮
好后可以淋上少许芝麻油调味。

鸡蓉玉米羹

扫扫二维码
轻松同步做美味

🍵 **原料**　鸡胸肉、鲜玉米粒各30克，鸡汤100毫升

🍵 **做法**

1　鸡胸肉和玉米粒洗干净，分别剁成蓉备用。
2　将鸡汤烧开撇去浮油。
3　加入鸡肉蓉和玉米蓉，搅拌均匀。
4　煮开后转小火再煮5分钟。
5　关火后盛出煮好的鸡蓉玉米羹即可。

🍓 **小叮咛**：要想保证鸡肉口感的嫩滑，就要掌握好火候，不要烹煮太长时间。鸡胸肉也可以根据宝宝的喜好换成猪瘦肉、牛肉或者虾仁。

红枣核桃米糊

原料　水发大米 100 克，红枣肉 15 克，核桃仁 25 克

做法

1　取豆浆机，倒入洗净的大米。
2　放入备好的核桃仁、红枣肉。
3　注入适量清水，至水位线即可。
4　盖上豆浆机机头，选择"五谷"程序，再选择"开始"键，开始打浆。
5　待豆浆机运转约 30 分钟，制成米糊。
6　断电后取下机头，倒出米糊，装入碗中，待稍微放凉后即可食用。

扫扫二维码
轻松同步做美味

小叮咛：妈妈不要忘了给红枣去除枣核，以免损伤豆浆机。核桃皮的味道比较苦涩，但富含维生素 E，妈妈尽量不要将表皮去掉。

Part 5

特殊喂养，
呵护生病期的宝宝

　　0～3岁的宝宝免疫系统较为脆弱，这一时期每个宝宝多少会遇到感冒、腹泻、过敏、厌食等小毛病。当宝宝出现不适时，妈妈该如何给宝宝准备爱心辅食，让他们既能补充营养、吃得安心，又能帮助身体尽快康复呢？

食物过敏与辅食添加

做一个"小吃货"，开心地享受各种美食，是一件多么幸福的事啊。可不少家长却因为宝宝"海鲜过敏""花生过敏"甚至"牛奶过敏""鸡蛋过敏"而心忧，姑且不说失去了享受这些美食的乐趣，缺失的营养怎么补回也是一个问题。

婴幼儿非常容易食物过敏

相比于成人，儿童更易发生食物过敏，尤其是 2 岁以内的婴幼儿。这是因为 2 岁以内的宝宝，其肠道蛋白水解酶的活性没有达到成人水平，胃肠道免疫及非免疫功能都尚未发育成熟，很容易对吃进去的"异体蛋白"发生过敏反应。

目前，世界范围内 8 大高致敏性食物是：乳品、蛋类、鱼类、贝类、花生、大豆、坚果、小麦。对于婴幼儿来说，比较常见的过敏食物主要有：鸡蛋、牛奶、鱼、虾、螃蟹、大豆、花生、杧果、桃子、草莓等。

多数宝宝到 2 ~ 3 岁时，食物过敏症状会逐渐消失，但对坚果、水果、鱼和贝类过敏的宝宝，过敏现象可能会持续一生。

宝宝食物过敏的常见症状

如果宝宝吃了某种食物后出现以下症状，可能和食物过敏有关。

皮 肤	胃肠道	眼、口腔	呼吸道
·瘙痒 ·变红 ·浮肿 ·荨麻疹 ·湿疹	·腹泻 ·腹痛 ·恶心 ·呕吐	·嘴巴红肿 ·喉干、刺痛 ·喉咙肿胀 ·眼充血、痒 ·眼睑肿胀	·打喷嚏 ·流涕、鼻塞 ·咳嗽 ·呼吸声重 ·呼吸困难

科学应对宝宝食物过敏

怀疑宝宝食物过敏，家长需要做的是不要慌乱，记录好宝宝的饮食情况，找到过敏原因，再对症寻找办法。家长不能明确诊断时，需请教专业儿科医生。

◑ 食物回避 + 激发试验

目前，针对食物过敏，"食物回避 + 激发试验"是较为常见且有效的诊断方法，即当怀疑存在食物过敏时，应及时停止给孩子吃这种可疑食物。若症状明显好转，再有意识地接触被怀疑的食物，观察是否出现过敏症状。如果过敏症状再次出现，即可确定过敏。

◑ 过敏源检查

如有必要，医生可能还会给孩子进行实验室检查，协助过敏的诊断。专业医生确诊后，会根据症状的严重程度进行相应的治疗。

◑ 开始考虑限制饮食

完全确定过敏源后才能判断是否要在饮食中去除某种食物，但家长也应该让孩子每半年到一年参加一次过敏源检测，判断是否需要继续排除该类食物。

如何保证过敏宝宝的营养

由于单纯限制某种食材的运用可能会导致宝宝营养失衡，所以家长还需向医生和营养师咨询如何保证过敏宝宝的营养问题。一个重要的方法就是寻找替代食物。

不要喂宝宝牛奶、酸奶、奶酪、黄油、奶油以及含有这些乳制品的食物。可用水解蛋白配方奶粉替代。平时可多喂宝宝吃豆制品、肉类、鱼类等含钙和蛋白质丰富的食物。

首先需分清是鸡蛋过敏还是蛋清过敏，然后针对性处理。如果是蛋清过敏只需回避蛋清即可；如果是鸡蛋过敏，则不要喂宝宝吃蛋及含蛋的食品。平时可多喂宝宝吃鱼类、豆制品、乳制品、肉类等食品。

畜禽肉类、豆类及豆制品、牛奶及乳制品都含有丰富的营养，可以给宝宝换着做。用富含不饱和脂肪酸的植物油做菜，补充不饱和脂肪酸。

过敏宝宝安心喂养食谱

适合年龄层：7个月及以上

扫扫二维码
轻松同步做美味

清淡米汤

🔘 **原料**　水发大米 90 克

🔘 **做法**

1　砂锅中注入适量清水烧开，倒入洗净的大米，搅拌均匀。
2　盖上盖，烧开后用小火煮 20 分钟，至米粒熟软。
3　将煮好的粥滤入碗中。
4　待米汤稍微冷却后即可饮用。

土豆碎米糊

🔘 **原料**　土豆 85 克，大米 65 克

🔘 **做法**

1　将去皮洗净的土豆切丁，备用。
2　取榨汁机，选择搅拌刀座组合，放入土豆，加入适量清水榨成汁，倒入碗中备用。
3　选择干磨刀座组合，放入大米，磨成米碎，盛出备用。
4　奶锅置于旺火上，倒入土豆汁，煮开后调成中火，加入备好的米碎。
5　用汤勺持续搅拌，煮 1 分 30 秒至黏稠，盛出装碗即可。

适合年龄层：7个月及以上

扫扫二维码
轻松同步做美味

白萝卜稀粥

🔘 **原料**　水发米碎 80 克，白萝卜 120 克

🔘 **做法**

1 洗好去皮的白萝卜切成小块，装盘待用。
2 取榨汁机，选择搅拌刀座组合，放入白萝卜和少许温开水，榨取汁水，滤入碗中备用。
3 砂锅置于火上，倒入白萝卜汁，盖上盖，用中火煮至沸。
4 揭开盖，倒入备好的米碎，搅拌均匀，盖上盖，烧开后用小火煮约 20 分钟。
5 搅拌一会儿，关火后盛出煮好的稀粥即可。

适合年龄层：7 个月及以上

扫扫二维码
轻松同步做美味

鸡肉包菜汤

🔘 **原料**　鸡胸肉 150 克，包菜 60 克，胡萝卜 75 克，高汤 1000 毫升，豌豆 40 克

🔘 **调料**　水淀粉适量

🔘 **做法**

1 锅中注入适量清水烧热，放入鸡胸肉，用中火煮约 10 分钟，捞出，沥干水分。
2 将放凉的鸡胸肉切成粒，胡萝卜切粒，豌豆、包菜切碎，备用。
3 锅中注水烧开，倒入高汤，放入鸡肉，拌匀，用大火煮至沸。
4 倒入豌豆，拌匀，放入胡萝卜、包菜，拌匀，用中火煮约 5 分钟。
5 倒入适量水淀粉，搅拌均匀，至汤汁浓稠即成。

适合年龄层：10 个月及以上

扫扫二维码
轻松同步做美味

宝宝感冒时的处理

感冒，又称上呼吸道感染。婴幼儿时期由于上呼吸道的解剖和免疫特点而易患本病，多发于 6 个月以上的宝宝。该病主要侵犯鼻、鼻咽和咽部，临床表现为鼻塞、流涕、打喷嚏、干咳、咽部不适和咽痛等，多有发热，体温可高达 39℃ ~ 40℃。

 ## 6 月龄内的婴儿通常不会感冒

宝宝自身的免疫系统要在出生后一段时间才能建立，在婴儿的免疫系统尚未发育完全时，母乳可以帮助婴儿抵御疾病。因为在妈妈的初乳和过渡乳中含有丰富的分泌型 IgA（免疫球蛋白的一种），能增强宝宝呼吸道抵抗力。此外，母乳中溶菌素高，巨噬细胞多，可以直接灭菌。但是母乳中的抗病因子都在宝宝满 6 个月后逐渐减少，而宝宝自身的免疫系统尚未建立完全，故宝宝感冒多见于满 6 月龄后。

	普通感冒	流感
发病特点	普通感冒多发于晚春和初秋季节，有自愈性，不引起流行。	流行性感冒，简称流感，是一种由流感病毒引起的疾病，传染性极高，可以短时间内在大范围人群中流行，常见于冬、春季。
致病原因	以冠状病毒为主的多种病毒引起。	流行性感冒病毒，简称流感病毒，分为甲型、乙型、丙型三型。
临床症状	患儿有发热，体温多在 38℃ 上下；有鼻塞、流涕、打喷嚏、干咳等症状；大一些的宝宝也有头痛、咽喉痛或全身不适、流涕、鼻塞等现象。	一开始就发烧，体温高达 39℃ ~ 40℃，畏寒、全身不适，头昏头痛，四肢酸痛，打喷嚏及流涕，大一些宝宝会说自己喉咙痛，婴幼儿有恶心、呕吐甚至腹泻现象，高热持续 3 ~ 5 天后，全身症状减轻，咳嗽等呼吸道症逐渐加剧。
病程	轻者持续 3 ~ 4 天，重者 5 ~ 7 天后症状全部消退而痊愈。	病程持续 1 ~ 2 周。

感冒重在预防

　　总体而言，对于小儿感冒，防胜于治。以下是预防感冒的几个措施，家长注意趋利避害，就能有效减少宝宝患感冒的概率。

- 平时注意多让宝宝参加户外活动，锻炼身体，以增强抵抗力。
- 注意天气变化，及时给宝宝增减衣服，雾霾较重的天气不要外出。
- 居室要经常通风换气，保持适宜的温度和湿度。
- 如果家中其他成员患了感冒，要注意与宝宝保持距离，避免亲密接触，防止交叉感染。
- 在感冒流行季节，少带宝宝去公共场所。
- 每年在季节或天气变换较为明显时，要给宝宝接种最新的流感疫苗。家中其他成员也要接种流感疫苗。

宝宝感冒时的饮食原则

　　病情较轻时照常饮食。如果宝宝病情不严重，饮食可照常进行。如果父母觉得宝宝身体不好，吃得太少，可在两餐之间为他提供一些健康的小食品和饮品，如小面包、西红柿汁、苹果汁等。

　　多吃新鲜水果、蔬菜。新鲜的水果和蔬菜中含有丰富的维生素 C，有助于提高宝宝的免疫力，如橙子、苹果、猕猴桃、生菜等。而且新鲜的蔬菜、水果还能增进食欲，帮助消化。

　　饮食宜清淡，多吃易消化的食物。宝宝感冒后，脾胃功能一般会减弱，吃些清淡、易消化的食物，有助于减轻脾胃负担，如稀粥、烂面条、鸡蛋汤等。

宝宝感冒调理食谱

适合年龄层：9个月及以上

扫扫二维码
轻松同步做美味

菠菜牛奶稀粥

🥣 **原料**　水发大米碎90克，菠菜50克，
配方奶120毫升

🥣 **做法**

1 洗净的菠菜切成小段，装盘待用。
2 取榨汁机，选择搅拌刀座组合，放入
菠菜，注入温开水，榨取汁水，滤入
碗中备用。
3 砂锅中注水烧开，倒入配方奶，加入
米碎，拌匀，烧开后用小火煮至熟。
4 倒入菠菜汁，拌匀，加盖，用小火煮
至熟透。
5 略微搅拌几下，关火后盛入碗中即可。

葱乳饮

🥣 **原料**　葱白25克，牛奶100毫升

🥣 **做法**

1 在洗净的葱白上划一刀，切段。
2 取杯子，倒入牛奶，加入葱白。
3 蒸锅注水烧开，揭开盖，放入茶杯。
4 盖上盖，用小火蒸10分钟。
5 取出蒸好的葱乳饮，夹出葱段，待稍
微放凉即可饮用。

适合年龄层：1岁及以上

扫扫二维码
轻松同步做美味

肉末碎面条

○ **原料**　肉末 50 克，上海青、胡萝卜各适量，湿面条 120 克，葱花少许

○ **调料**　盐 2 克，食用油适量

○ **做法**

1　将胡萝卜、上海青切成粒，面条切成小段，分别装在盘中，待用。

2　用油起锅，倒入备好的肉末，翻炒至其松散、变色。

3　下入胡萝卜粒、上海青，翻炒几下，注入适量清水，翻炒均匀。

4　加入盐，拌匀调味，用大火煮片刻。

5　待汤汁沸腾后下入切好的面，煮至全部食材熟透。

6　关火后盛出装碗，撒上葱花即可。

适合年龄层：1 岁及以上

扫扫二维码
轻松同步做美味

猕猴桃薏米粥

○ **原料**　水发薏米 220 克，猕猴桃 40 克

○ **调料**　冰糖适量

○ **做法**

1　将洗净的猕猴桃切去头尾，削去果皮，去除硬芯，再切成碎末，备用。

2　砂锅注水烧开，倒入洗净的薏米，拌匀，盖上锅盖，煮开后用小火煮至薏米熟软。

3　倒入猕猴桃末、冰糖，搅拌均匀，煮至冰糖完全溶化。

4　关火后盛出煮好的粥，装入碗中即可。

适合年龄层：2 岁及以上

扫扫二维码
轻松同步做美味

宝宝发热时的饮食护理

小儿发热是指小儿体温异常升高，是小儿常见的一种症状，许多疾病一开始都表现为发热。小儿发热通常是身体对外来细菌、病毒等病原体侵入的一种警告，是一种自我保护机制。临床可表现为面赤唇红、烦躁不安、呼吸急促等症状。

 哪些因素会引起宝宝发热

对待发热，不应仅关注体温。发热通常是疾病的一种症状表现。引起发热的原因有很多，比如感冒、急性咽炎、扁桃体炎、肺炎等呼吸道疾病，急性胃肠炎、腹泻等消化道疾病，幼儿急疹、水痘、流行性腮腺炎、猩红热等传染性疾病。

因此，对于发热的宝宝，特别是体温超过39℃的宝宝，家长要仔细观察其症状表现，并寻找引起发热的原因。这样，一方面可以做到心中有数，另一方面可为医生提供可靠的信息，并在医生的指导下正确治疗，将宝宝体温控制在38℃以下。

 正确看待孩子发热

发热是人体对致病因子的一种重要的防御反应。炎症引起发热时，血管扩张，血液加快，局部和全身新陈代谢加强；肝脏解毒能力增强，可以抑制致病微生物在体内生长繁殖；血液中的细胞和其他淋巴细胞消灭病原微生物的能力提高，可以促使炎症消退。因此，对于38℃以下的发热，不必急着降温退热。"见烧就退"可能掩盖病情，不利于疾病的诊断和治疗。

 体温调节要点

宝宝体温在38.5℃以下时，一般不需要特别处理，但需多观察、多给宝宝饮水，并辅以物理降温，保持体温不超过38.5℃。其间，可每3～4小时给宝宝测量一次体温，同时观察宝宝的精神状态、身体症状及其变化情况。

当宝宝体温超过38.5℃，但没有其他明显症状时，可遵医嘱给宝宝服用退热药物，同时辅以物理降温。其间，需加强病情观察，可每1～2小时测一次体温。宝宝服药后，体温降至38℃以下即可。

　　3个月以内的宝宝体温超过38℃时，要立即去医院就诊。3个月以上的宝宝体温超过38.5℃，同时出现以下异常症状之一时，应该带宝宝去医院就诊：使用居家护理策略，但宝宝体温仍居高不下；宝宝排尿少，而且口腔干燥，哭时泪少，精神状态差；持续腹泻、呕吐；宝宝诉说头痛、耳痛、颈痛等；持续发热超过72小时。

宝宝发热，需及时补充水分

　　在宝宝发热期间，会造成体内水分的快速流失，因此在补充能量的同时，还应考虑水分的及时补充，以免宝宝出现脱水的情况。母乳、白开水、果汁、水果等都可以用来补充水分，最好让宝宝饮用温白开水。多喝水还可以促进排尿，有利于降温和毒素的排泄。

宝宝发热时的饮食原则

　　补充优质蛋白质。发热是一种消耗性疾病，应给宝宝补充适量的优质蛋白质，如肉末汤、蒸鱼等，但要注意少油腻。

　　少食多餐。发热的宝宝胃肠蠕动减慢，消化功能减弱，宜少食多餐。

　　流质、半流质饮食。稍大的宝宝发热时饮食以流质为主，如米汤、蔬菜汤及各种蔬果汁等，夏季可以喝些绿豆汤，既清凉解暑，又有利于补充水分。当宝宝体温下降、食欲好转时，可改为半流质饮食，如藕粉、粥、面片汤等。

　　饭菜宜适量、适口、可口。适量，即别吃太多，避免宝宝积食；适口，宝宝的饮食宜清淡；可口，增进宝宝食欲，但不能强迫进食。

　　不要吃刺激性食物。刺激性食物可使机体代谢增加，产热增多，会导致宝宝发热不退。不宜给宝宝吃海鲜或过咸、过油腻的菜肴，以防引起过敏或刺激呼吸道，加重症状。

宝宝发热调理食谱

扫扫二维码
轻松同步做美味

适合年龄层：8个月及以上

西红柿稀粥

🔘 **原料**　水发米碎 100 克，西红柿 90 克

🔘 **做法**

1　西红柿切成块，去皮、去籽，装盘待用。
2　取榨汁机，选择搅拌刀座组合，倒入西红柿，注入温开水榨成汁，倒入碗中备用。
3　砂锅中注入适量清水烧开，倒入米碎拌匀，盖上盖，烧开后用小火煮约 20 分钟。
4　倒入西红柿汁，搅拌均匀，盖上盖，再用小火煮约 5 分钟。
5　关火后将稀粥盛入碗中即可。

橙子南瓜羹

🔘 **原料**　南瓜 200 克，橙子 120 克
🔘 **调料**　冰糖适量

🔘 **做法**

1　南瓜去皮切片；橙子去皮，切取果肉剁碎，备用。
2　蒸锅上火烧开，放入南瓜片，盖上盖，烧开后用中火蒸至南瓜软烂。
3　取出南瓜片，放凉后捣成泥状，待用。
4　锅中注水烧开，加入冰糖，煮至溶化；倒入南瓜泥、橙子肉，搅拌匀。
5　用大火煮 1 分钟，撇去浮沫，关火后盛出即可。

适合年龄层：1岁及以上

扫扫二维码
轻松同步做美味

绿豆粳米粥

🌙 **原料**　水发粳米 120 克，水发绿豆
　　　　 50 克
🌙 **调料**　冰糖 15 克

🌙 **做法**

1. 锅中注入适量清水烧开，倒入洗净的
   绿豆，烧开后转小火煮至食材变软。
2. 倒入备好的粳米，拌匀、搅散，大火
   煮开后用小火熬煮半小时。
3. 加入适量的冰糖，拌匀，煮至溶化。
4. 关火后盛出煮好的粳米粥，装在小碗
   中即可。

适合年龄层：1 岁及以上

扫扫二维码
轻松同步做美味

金针菇白菜汤

🌙 **原料**　白菜心 55 克，金针菇 60 克
🌙 **调料**　淀粉 20 克，芝麻油少许

🌙 **做法**

1. 洗好的白菜心切丝，再切碎；金针菇
   切成小段，待用。
2. 往淀粉中加入适量的清水，搅拌均匀，
   即成水淀粉，待用。
3. 锅中注水烧开，倒入白菜心、金针菇，
   搅拌片刻，持续加热煮至汤汁减半。
4. 倒入水淀粉，搅拌至汤汁浓稠；淋上
   少许芝麻油，搅拌均匀。
5. 关火后将煮好的汤盛出，装入碗中。

适合年龄层：1 岁及以上

扫扫二维码
轻松同步做美味

宝宝便秘的应对与调理

若宝宝排便干硬，或排便次数减少，甚至数日不排便，可称为小儿便秘。宝宝便秘，大多数与乳类营养成分失调有关，辅食添加后的宝宝也会因饮食不当而发生便秘。宝宝会因为干硬的大便刺激肛门产生疼痛和不适感而恐惧排大便，使症状加重。

 宝宝便秘的常见类型

婴幼儿便秘是一种常见病症，其原因很多，概括起来可以分为四大类。

食物纤维摄入不足 ➤ 膳食纤维中有一部分能刺激肠道蠕动，有的可增加食物残渣，刺激肠壁，促进肠道蠕动，使粪便易于排出。 ☑

水分摄入不足 ➤ 水是生命的源泉。体内摄入的水分会作用在纤维上，因为纤维会大量吸水。所以，即使宝宝进食了许多膳食纤维，但是喝的水不够，也会影响纤维起作用，从而导致便秘。 ☑

顽固性便秘 ➤ 长期因为缺少食物纤维而引发的便秘或缺水引起的便秘。因长期排便困难却不加调理而引发顽固性的便秘。 ☑

体质性便秘 ➤ 有的宝宝可能会因为先天疾病或体质原因而导致肠道运动不活跃，因此造成便秘。 ☑

 宝宝便秘时的喂养纠正

不同喂养方式下的宝宝发生便秘，要根据喂养方式的不同进行喂养纠正。

● 母乳喂养宝宝便秘调理

母乳喂养的宝宝较少发生便秘，这主要是因为母乳中含有棕榈酸、低聚糖等，能缓解便秘。但如果喂养不当，宝宝也会发生便秘。对于母乳喂养的宝宝，需根据不同情况应对便秘：

◆次数少，性质和量正常：适量增加喂养次数和量，观察宝宝是否能每天或隔天大便1次；适当增加膳食纤维的摄入，增加宝宝大便中的残渣。

◆次数少，干硬：要保证足够的水分供应，宝宝每天的液体摄入量应该在2000毫升以上，纯水摄入量不应少于800毫升；妈妈不要吃辛辣的食物。

◆次数不少，但干硬：主要是纠正妈妈的饮食结构。减少上火、太油、太甜、太咸、太辣的食物，清淡饮食，适当增加膳食纤维的摄入量。

配方奶喂养宝宝便秘调理

配方奶喂养的宝宝发生便秘的概率要高于母乳喂养的宝宝，因为配方奶中的棕榈酸不易被水解吸收，酪蛋白高，钙是母乳的3倍，易导致大便干硬。配方奶喂养的宝宝可以根据以下方式改善便秘：

◆使用纯净水而非矿泉水溶剂溶解配方奶，也可用烧开放温的自来水冲兑。

◆配方奶喂养的宝宝必须喂水，奶量与水的比例是100∶15，夏季可以适当多喝些。不能通过将奶配稀来解决便秘问题，这样会造成宝宝营养摄入不足。

幼儿便秘的调理

宝宝开始添加辅食后，很容易因为饮食结构不当而出现便秘，可以从以下方面来改善：

◆适量增加膳食纤维的摄入量，但为了不影响蛋白质与矿物质的吸收，宝宝不宜大量摄入膳食纤维。

◆吃过多的肉类食物也会引起宝宝便秘，尽管宝宝需要高蛋白质饮食，但也不是肉越多越好，不能忽视粮食和蔬菜。

◆不要超量补钙及其他矿物质，过多摄取可能会引起便秘。

 有助于缓解便秘的食物

很多食物都能缓解便秘，具体分为以下3类食物。

软化大便的食物

这类食物都含有丰富的果胶，可以提高肠道内双歧杆菌等益生菌的活性，改善肠道环境，如红薯、胡萝卜、西红柿、香蕉、苹果、草莓、橘子等。

增加大便量的食物

这类食物都富含不能被肠道消化吸收的膳食纤维，可以增加大便的量，从而刺激肠道，利于排便，如南瓜、土豆、白萝卜、包菜、西蓝花、紫菜等。

促进肠道运动的食物

许多发酵食品中都含有乳酸菌等益生菌，可以活跃肠道，如酸奶。

宝宝便秘调理食谱

扫扫二维码
轻松同步做美味

适合年龄层：1岁及以上

南瓜拌饭

🔵 **原料**　南瓜90克，芥菜叶60克，水发大米150克

🔵 **调料**　盐少许

🔵 **做法**

1. 将去皮洗净的南瓜和洗好的芥菜切成粒。
2. 将大米倒入碗中，加入适量清水。
3. 把南瓜放入另一碗中，备用。
4. 分别将装有大米、南瓜的碗放入烧开的蒸锅中，用中火蒸至食材熟透，取出待用。
5. 汤锅中注入适量清水烧开，放入芥菜，煮沸，放入蒸好的南瓜，搅拌均匀。
6. 在锅中加入适量盐，用锅勺拌匀调味，关火后盛出即可。

红薯米糊

🔵 **原料**　去皮红薯、水发大米各100克，燕麦80克，姜片少许

🔵 **做法**

1. 将洗净的红薯切成块。
2. 取豆浆机，倒入燕麦、红薯、姜片、大米，注入适量清水，至水位线即可。
3. 盖上豆浆机机头，启动豆浆机，将食材榨成米糊。
4. 断电，取下机头，将煮好的红薯米糊倒入碗中即可。

适合年龄层：1岁及以上

扫扫二维码
轻松同步做美味

橙子酸奶

🌑 **原料** 橙子肉 70 克，橙汁 25 毫升，
　　　　酸奶 200 克

🌑 **做法**
1 将处理好的橙子肉切成小块，备用。
2 取一个小碗，放入橙子肉，倒入酸奶。
3 再加入橙汁，搅拌片刻使味道均匀。
4 另取一个小碗，倒入拌好的橙子酸奶
　即可。

适合年龄层：1 岁及以上

香蕉泥

🌑 **原料** 香蕉 70 克

🌑 **做法**
1 将洗净的香蕉剥去果皮。
2 用刀把香蕉碾压成泥状。
3 取一个干净的小碗，盛入压好的香蕉
　泥即可。

适合年龄层：7 个月及以上

扫扫二维码
轻松同步做美味

腹泻宝宝的喂养策略

腹泻是一种由多病原、多因素引起的，以大便次数增多和大便性状改变为特点的儿科常见病症。纯母乳喂养的宝宝大便偏稀、次数相对较多，这是因为母乳中的低聚糖具有"轻泻"作用，不属于腹泻范畴，要加以区分。

 引起宝宝腹泻的常见原因

由于小儿各种身体功能尚未完全成熟稳定，患病后易出现各种功能紊乱，特别是消化吸收功能受影响最大，所以容易出现腹泻。根据致病原因的不同，腹泻可以分为感染性腹泻和非感染性腹泻。

感染性腹泻主要感染途径是消化道传播。细菌、病毒等感染性因素引起的腹泻，往往发热在先，且先期多有呕吐的表现。发热、呕吐后，第一次排便未必是腹泻，但紧接着就可能出现腹泻。细菌感染导致的腹泻，大便中往往可见黏液，甚至脓血样物质，每次排便量并不多；病毒感染导致的腹泻，往往为稀水样大便，每次排便量很多。

非感染性因素引起的腹泻，往往是食源性的。消化不良引起的腹泻，会表现为大便中有原始食物颗粒，不伴发热，偶有呕吐。过敏性腹泻通常在进食某些食物后数小时至 1 ~ 2 天内出现，会有反复，与进食明显相关。除此之外，气候改变、环境变化等也可引起腹泻。非感染性腹泻，大便检查往往正常，调整饮食或改变环境即可纠正。

宝宝腹泻时的饮食原则

补充水分。开始腹泻，就应该给宝宝口服足够的液体以预防脱水。母乳喂养的宝宝应继续母乳喂养，并且增加喂养的次数并延长单次喂养的时间；混合喂养的宝宝，应在母乳喂养基础上给予口服补液盐或其他清洁饮用水的补充；在断奶期或已经断奶的宝宝，父母可以用基础的液体（如稀粥、汤汁或米汤水）给患儿补充。

补充优质蛋白质。腹泻时肠道的黏液层受到了破坏，适量补充富含优质蛋白质的食物，对肠黏膜恢复有帮助。

多食含果胶的食物。果胶能促使大便成形，吸附肠黏膜上的细菌和毒素，是一种良好的止泻物质。腹泻宝宝可以尝试多吃富含果胶的食物，如胡萝卜、南瓜等。

暂停辅食添加。刚刚添加辅食的宝宝可能会因为对食物不耐受而发生腹泻。在辅食添加过程中，如果宝宝发生腹泻，要暂停添加引起腹泻的食物。待腹泻停止后再减量添加，观察大便情况。

禁食生冷。任何原因引起的腹泻都需要禁食生冷食物，尤其是冰激凌、雪糕、冷饮等。放在冰箱冷藏室的食物，需要加热后再吃。不要让宝宝吃凉拌菜和水果沙拉，以免影响肠胃功能。

暂停肉食。发生急性腹泻时，在最初的 3 天，暂时停止食用肉类食物，尤其是畜肉类。蛋类食物可继续吃，如果腹泻比较严重，可暂停食用蛋清，但不能吃油煎蛋。

腹泻伴呕吐时的处理措施

腹泻是因为肠道的黏液层受到破坏，从而刺激肠道黏膜细胞分泌出大量液体，这些液体随着没有消化的残渣以及病菌一起排出体外的一种表现。如果腹泻与呕吐并见，那极有可能发生脱水现象。可用口服补液盐补充由于腹泻和呕吐所丢失的水分和盐分，预防脱水的发生。

腹泻严重，伴有呕吐、发烧、口渴、口唇发干，尿少或无尿，眼窝下陷、前囟下陷，婴儿在短期内"消瘦"，皮肤弹性差，哭而无泪等状况时，说明已经引起脱水了，应及时带宝宝就医。

宝宝腹泻调理食谱

适合年龄层：11个月及以上

扫扫二维码
轻松同步做美味

蒸苹果

🔵 **原料**　苹果1个

🔵 **做法**

1 将洗净的苹果对半切开，削去外皮。
2 把苹果去核，切成丁，装入碗中。
3 将装有苹果的碗放入烧开的蒸锅中，盖上盖，用中火蒸10分钟。
4 将蒸好的苹果取出，稍冷却后即可食用。

适合年龄层：7个月及以上

扫扫二维码
轻松同步做美味

焦米汤

🔵 **原料**　大米140克

🔵 **做法**

1 锅置火上，倒入备好的大米，炒出香味，转小火，炒至米粒呈焦黄色。
2 关火后盛出炒好的大米，装在盘中，待用。
3 砂锅中注入适量清水烧热，倒入炒好的大米，搅拌匀。
4 盖上盖子，烧开后用小火煮约35分钟，至大米析出营养物质。
5 搅拌几下，关火后盛出煮好的米汤，滤在小碗中，稍微冷却后饮用即可。

南瓜小米糊

🌑 **原料**　南瓜 160 克，小米 100 克，蛋黄末少许

🌑 **做法**

1. 将去皮洗净的南瓜切片，摆放在蒸盘中，待用。
2. 蒸锅上火烧沸，放入蒸盘，用中火蒸至南瓜变软，取出蒸好的南瓜，凉凉。
3. 把放凉的南瓜置于案板上，用刀背压扁，制成南瓜泥，待用。
4. 汤锅中注水烧开，倒入小米，轻轻搅拌，煮沸后用小火煮至小米熟透，之后加入南瓜泥。
5. 撒上备好的蛋黄末，搅拌匀，续煮片刻至沸，关火后盛出即可。

适合年龄层：8 个月及以上

扫扫二维码
轻松同步做美味

西蓝花胡萝卜粥

🌑 **原料**　西蓝花 60 克，胡萝卜 50 克，水发大米 95 克

🌑 **做法**

1. 汤锅中注水烧开，倒入西蓝花，煮 1 分 30 秒至断生，捞出备用。
2. 将洗净的胡萝卜切成粒。
3. 汤锅中注水烧开，倒入水发好的大米，用小火煮至大米熟软。
4. 倒入胡萝卜，搅拌匀，用小火煮至胡萝卜熟透，再放入西蓝花，搅拌匀，大火煮沸。
5. 将煮好的粥盛出装碗即可。

适合年龄层：8 个月及以上

扫扫二维码
轻松同步做美味

宝宝经常咳嗽的应对措施

小儿咳嗽是小儿呼吸系统疾病之一。当呼吸道有异物或受到过敏性因素的刺激时，就会引起咳嗽。此外，呼吸系统疾病大部分都会引起呼吸道急、慢性炎症，均可引起咳嗽。根据患儿病程可分为急性、亚急性和慢性咳嗽。

宝宝咳嗽不一定是坏事

咳嗽和发热一样，属于人体的自我保护机制之一。人的呼吸道黏膜上有很多绒毛，它们不断地向口咽部摆动，清扫混入呼吸道的灰尘、微生物及其他异物。在呼吸道发生炎症或有异物侵入时，渗出物、细菌、病毒及被破坏的白细胞混合在一起，像垃圾一样，被绒毛送到气管。这些东西堆积多了，可刺激神经冲动，引起咳嗽，将那些呼吸道的"垃圾"排出来。若强行用药阻止咳嗽，这些"垃圾"会越积越多，从而加重感染，甚至阻塞气道。所以，不要一味地认为宝宝咳嗽是坏事。宝宝咳嗽意味着他的防御能力是正常的。那些没有咳嗽却患了肺炎的宝宝，身体防御能力反而可能较差。

久咳不愈，多与脾胃虚弱有关

中医认为，"脾为生痰之源，肺为贮痰之器"。小儿慢性咳嗽多因脾胃虚弱，不能够运化水液，从而生痰，贮藏于肺，阻碍肺的正常功能导致。

宝宝咳嗽时的饮食原则

多喝水。除满足身体对水分的需要外，充足的水分还可帮助稀释痰液，使痰易于咳出，并可增加尿量，促进有害物质的排泄。

饮食要注重清淡、味道爽口。多食新鲜蔬菜，如青菜、大白菜、白萝卜、胡萝卜、西红柿等，可以供给多种维生素和矿物质，有利于机体代谢功能的修复。黄豆制品含优质蛋白，能补充由于炎症损耗的组织蛋白，且无增痰助湿之弊。

以蒸煮为主，不要油炸煎烩。因为孩子咳嗽时胃肠功能比较弱，油炸食品会加重胃肠负担，且助湿助热，滋生痰液，使咳嗽难以痊愈。

有助于缓解咳嗽的特效食物

冰糖
《本草再新》中记载，冰糖能"止咳嗽，化痰涎"，宜煎水喝或含化食用，所以，不少止咳的单方中都用到它。

雪梨
雪梨有润肺清燥、止咳化痰的作用，对急性气管炎和上呼吸道感染的患者出现的咽喉干、痒、痛、音哑、痰稠、便秘、尿赤均有良效。

枇杷
《本草纲目》中对于枇杷有这样的描述："止渴下气，利肺气，止吐逆并渴痰。"可见枇杷对于小孩咳嗽有非常好的缓解治疗效果。

橘子
橘子有抗炎、去痰、理气止咳等功效，对支气管炎有较显著的疗效作用。

核桃仁
核桃仁含有多种人体需要的微量元素，是中成药的重要辅料，有顺气补血、止咳化痰、润肺补肾等功能。当咳嗽时，嚼些核桃仁，能有效缓解咳嗽，也可将核桃仁磨碎后添入食物中让孩子食用。

罗汉果
罗汉果是一种药食两用中药材，性凉味甘，清肺润肠。主治百日咳、痰火咳嗽、血燥便秘等症；对于治疗急性气管炎、急性扁桃体炎、咽喉炎、急性胃炎都有很好的疗效。

百合
中医认为，百合味甘微苦、性平，具有润肺止咳、清心安神、补虚强身的功效，可治疗由体虚肺弱引起的肺结核、咳嗽等症状。

橄榄
橄榄有清热解毒、利咽化痰、生津止渴的作用，可用于辅助治疗各种疾病所引起的咽喉肿痛、烦渴、咳嗽痰血等。

白萝卜
白萝卜具有下气消食、除痰润肺、解毒生津、和中止咳、利大小便等作用。咳嗽咳痰，最好将白萝卜切碎加蜂蜜煎熬后细细嚼咽；咽喉炎、扁桃体炎、声音嘶哑、失音，可以将白萝卜捣汁与姜汁同服。

冬瓜
《滇南本草》中记载，冬瓜能"治痰吼，气喘，可以润肺消热痰，止咳嗽"。凡风热咳嗽或肺热咳嗽者，均可用冬瓜煨汤食用。

宝宝咳嗽调理食谱

扫扫二维码
轻松同步做美味

适合年龄层：2 岁及以上

川贝枇杷雪梨糖水

🥄 **原料**　雪梨 40 克，枇杷 25 克，川贝
2 克

🥄 **调料**　冰糖 25 克

💧 **做法**

1　将枇杷去籽，切成小块；雪梨去皮，
去核，切成小块。

2　把切好的食材浸入清水中，备用。

3　锅中注水烧热，倒入川贝，盖上盖，
煮沸后转小火煮至川贝熟软。

4　倒入冰糖和雪梨块，搅拌匀，再放入
切好的枇杷，搅拌几下。

5　盖上盖，煮约 3 分钟至冰糖完全溶入
汤汁。

6　关火，盛出煮好的糖水即可。

扫扫二维码
轻松同步做美味

适合年龄层：2 岁及以上

麻贝梨

🥄 **原料**　雪梨 120 克，川贝粉、麻黄各
少许

💧 **做法**

1　将洗净的雪梨切去顶部，挖出里面的
瓤，制成雪梨盅，待用。

2　在雪梨盅内放入川贝粉、麻黄，注入
适量清水，盖上盅盖。

3　蒸锅上火烧开，将雪梨盅放入蒸盘中，
盖上锅盖，用小火蒸 20 分钟。

4　关火后取出雪梨盅，拣出麻黄，趁热
饮用即可。

山药米糊

🌀 **原料** 水发大米 150 克，去皮山药块 80 克，鲜百合 20 克，水发莲子 20 克

🌀 **做法**

1 取豆浆机，摘下机头，倒入泡好的大米、莲子，再倒入洗好的百合、山药块。
2 注水至水位线，盖上机头，选择"米糊"选项，按"启动"键开始运转。
3 待豆浆机运转约 20 分钟，即成米糊。
4 将煮好的米糊倒入碗中，待稍凉后即可食用。

适合年龄层：1 岁及以上

扫扫二维码
轻松同步做美味

鸡肉橘子米糊

🌀 **原料** 水发大米 130 克，橘子肉 60 克，鸡胸肉片 40 克

🌀 **做法**

1 沸水锅中倒入鸡胸肉片，氽约 2 分钟，捞出沥干，放凉后切碎。
2 橘子肉剥去外膜，取出瓤肉，捏碎。
3 取出榨汁机，倒入泡好的大米，注入适量清水，榨约 30 秒成米浆。
4 砂锅置火上，倒入米浆搅匀，加盖，大火煮开后转小火煮 15 分钟。
5 倒入鸡胸肉、橘子瓤肉，搅匀，用大火煮约 5 分钟至食材熟软即可。

适合年龄层：11 个月及以上

扫扫二维码
轻松同步做美味

宝宝口腔不适时的解决方法

　　婴幼儿免疫力低下，皮肤黏膜的屏障功能也差，常因感染、外伤或其他因素的影响，引起口腔黏膜糜烂、损伤而致病。口腔不适不仅会影响宝宝的情绪，还会因疼痛而让宝宝拒绝进食，从而影响宝宝的营养摄入，爸爸妈妈要引起重视。

 宝宝容易出现的口腔疾患与不适

　　会引起婴幼儿出现口腔不适的原因主要有：长牙期不适、口腔溃疡、口角炎、口唇炎、龋齿、鹅口疮等。

长牙期不适	长牙期的宝宝容易流口水，常常将手指放入口中，或者抓到东西就放到口中咬。此时，宝宝的脾气也会变得比较暴躁，常常哭闹不安。随着牙齿的萌出，长牙期的宝宝出现吸吮手指的情况会很快消失。爸爸妈妈可以给宝宝准备一些专门的磨牙棒等，帮助宝宝转移注意力。
口角炎、口唇炎	在天气寒冷和干燥的时候容易发生，主要表现为口角糜烂、脱屑，张口时嘴角出血，嘴唇干裂、起泡。爸爸妈妈对于宝宝舔嘴唇、咬唇等不良的习惯要制止。同时，要随时清洁宝宝口唇周围的口水，擦干后抹上保湿的润肤露，一般几天就会好转。
口腔溃疡	米粒大小的溃疡附着在口腔黏膜上，会让孩子非常疼。一般口腔溃疡会持续 4 ~ 7 天后自行愈合。如果孩子十分难受，可以将蒙脱石散用温水调成糊状，用棉签轻轻涂抹在溃疡面上，或者直接蘸取干燥的蒙脱石散，涂抹在溃疡面上。如果口腔溃疡出现 4 个以上，持续出现 2 周不见好转，需要立即就医。

龋齿不仅会影响孩子的生长发育，甚至会引起感染性疾病等问题。所以，家长应该在孩子乳牙萌出后，积极预防龋齿。对于乳牙已经遭受龋齿困扰的儿童，一定要尽早治疗。平时，要让孩子养成勤刷牙的好习惯，尽量喝白开水，少吃甜食。

鹅口疮是宝宝口腔黏膜或舌面上附着的白色絮状物或者豆腐渣样东西，用棉签不易擦掉。多见于新生儿和婴幼儿，营养不良、腹泻、长期使用广谱抗生素或激素的患儿常患此病。新生儿多由于产道感染或哺乳时奶头不洁及乳具污染而感染此病。初期患有鹅口疮的宝宝可能没有特殊不适，但随着病情加重，很可能表现出烦躁不安，进食减少，严重的可能扩散到咽喉或气管。发现宝宝患有鹅口疮后，应根据医嘱在其患处涂上药物，以消灭白色念珠菌。更重要的是，要给宝宝服用益生菌制剂，调整并恢复其肠道正常菌群。同时，密切观察宝宝病情变化，若宝宝出现发热、烦躁不安、口腔黏膜上的乳凝块样物向咽部以下蔓延等症状，应及时带他到医院就诊，以防止宝宝发生呼吸困难等严重并发症。

宝宝口腔不适时的喂养原则

补水依然是重点。宝宝进食后，可少量饮水或者以温水清洁口腔。对于母乳喂养的宝宝，妈妈在喂奶后也需要给他喂少量温开水。

给宝宝喂刺激小、易吞咽的辅食。为了避免宝宝进食时嘴疼，食物要不烫、不凉，味道要不咸、不酸。可以让宝宝用吸管吸食，以减少食物与其口腔黏膜的接触。

喂宝宝吃热量多、体积小的辅食。热量多、体积小的辅食在满足宝宝能量的同时，减少了口腔与食物的接触，有利于宝宝进食。

少量多次喂食。持续的口腔刺激会引起宝宝的哭闹，使宝宝拒绝进食，所以，可以根据宝宝的情况，少量多次喂食。

让食物变得滑溜、好入口。勾芡的食物、用酸奶冲调的食物以及市售婴儿食品都比较顺滑，能够最大限度地减少对宝宝口腔的刺激。

口腔不适时的调理食谱

适合年龄层：7个月及以上

扫扫二维码
轻松同步做美味

香梨泥

🔘 **原料**　香梨 150 克

🔘 **做法**

1　洗好的香梨去皮，切开，去核，再切成小块。
2　取榨汁机，选择搅拌刀座组合，倒入切好的香梨。
3　盖上盖，选择"榨汁"功能，榨取果泥。
4　将榨好的果泥倒入盘中即可。

适合年龄层：11个月及以上

扫扫二维码
轻松同步做美味

鸡蛋玉米羹

🔘 **原料**　玉米粉 100 克，黄油 30 克，鸡蛋液 50 克

🔘 **调料**　水淀粉适量

🔘 **做法**

1　砂锅中注入适量清水烧开，倒入黄油，煮至溶化。
2　放入玉米粉，拌匀，盖上盖，烧开后用小火煮约 15 分钟。
3　加入适量水淀粉勾芡，倒入备好的蛋液，拌匀，煮至蛋花成形。
4　关火后盛出煮好的鸡蛋玉米羹即可。

煮苹果

🔵 **原料**　苹果 260 克

适合年龄层：10 个月及以上

🔵 **做法**

1　将洗净的苹果切小块。
2　砂锅中注入适量清水烧开，倒入苹果块，轻轻搅散开。
3　中火煮约 4 分钟，至其析出营养物质。
4　转大火，搅拌几下，关火后盛出煮好的苹果，稍微冷却后食用即可。

藕丁西瓜粥

🔵 **原料**　莲藕 150 克，西瓜、大米各 200 克

适合年龄层：1 岁及以上

🔵 **做法**

1　将洗净去皮的莲藕切成丁，西瓜切成块，备用。
2　砂锅中注入适量清水烧热，倒入大米并搅匀，盖上锅盖，煮开后转小火煮至大米熟软。
3　倒入藕丁、西瓜，再盖上锅盖，用中火煮 20 分钟。
4　搅拌均匀，关火后将煮好的粥盛出，装入碗中即可。

扫扫二维码
轻松同步做美味

纠正宝宝厌食、挑食、偏食

许多家长清楚地知道，宝宝不偏食、不挑食是保证营养的基础。但是，渐渐地他们发现，孩子还是走上了厌食、挑食、偏食这条路。那么，找到宝宝厌食、偏食、挑食的真正原因，科学纠正宝宝的厌食、挑食、偏食显得尤为重要。

真正厌食和"偶尔不想吃饭"

厌食指的是比较长时间的食欲减低或消失，食量减少至原来的 1/3 到 1/2，且持续时间达 2 周以上。具体表现为：什么也不肯吃，看到吃的就会不高兴；把放在嘴里的奶头吐出来；如果强迫喂食，可能会发生干呕；体重增长缓慢，生长发育落后，头发稀疏，缺乏光泽。对于这样的宝宝，要看医生，做必要的检查，对症治疗。

宝宝每天的食量不可能一成不变，宝宝的食欲也不会每天都像家长所期待的那样旺盛。所以，经常会出现今天吃得多一点儿，明天吃得少一点儿；上顿吃得很香，这顿却把吃饭当玩耍，就是不愿意好好吃饭。但是，宝宝偶尔不想吃饭不是厌食，如果妈妈过度紧张，带宝宝去看医生，或强迫宝宝进食，不仅不能增进宝宝的食欲，反而会引起宝宝对吃饭的反感。

饮食偏好不等于偏食

饮食偏好是指比较喜欢某种食物，这种偏好与宝宝自身有关，也与家里的饮食习惯有关，不能将宝宝的饮食偏好视为偏食。但是，宝宝对某种食物的偏好会表现为拒绝对另一种食物的摄取，如果喂养的方式不当，最终可能会转化为偏食。所以，家长还是需要引起重视。

宝宝厌食的解决方法

为了消除孩子厌食的心理，父母应注意孩子的进餐心理，创造一个良好的就餐环境，让孩子从心里接受食物。

◆对于刚开始添加辅食宝宝出现发脾气、轻微呕吐、不接受等厌食的现象，家长应暂停添加辅食，等待 1 周后再添加。

◆就餐环境要舒适、清洁优美、空气新鲜，餐室、餐桌要洁净，餐具要卫生。就餐时可以听点儿轻音乐，但不可边吃饭边看电视。

◆餐前气氛应轻松、愉快、积极。准备饭菜时，可与孩子一起去市场买菜，让孩子做力所能及的劳动，如剥豆子、择菜等。还可以让孩子自己摆放小碗、小汤匙，有意识地培养孩子做家务，使孩子觉得自己做的饭菜更有味道，提高进餐的积极性。

◆有些父母担心孩子营养不良，强迫孩子多吃，并严厉训斥孩子，让孩子非吃不可，这对孩子的机体和个性都是一种可怕的压制，使孩子认为进食是极不愉快的事，逐渐形成顽固性厌食。

◆每个家庭都应有就餐的固定房间、餐桌，每人有固定的座位，养成良好的饮食习惯，可以增加食欲，切忌捧着饭碗边走、边吃、边玩。

纠正宝宝偏食、挑食

不少宝宝都有偏食、挑食的不良饮食习惯，家长如不及时加以纠正，就可能影响到宝宝正常的生长发育，导致营养不良、抵抗力下降，严重时还会影响宝宝的智力发育。

◆对于宝宝不喜欢吃的食物，妈妈可以变换烹调方法，如将他不喜欢吃的食物煮烂，掺杂在喜欢吃的食物里面，让宝宝不知不觉吃下去。

◆隔段时间再次尝试喂食之前不喜欢的食物，如果宝宝还是不喜欢吃，则可以用同一营养类别的其他食材代替。例如，宝宝排斥喝牛奶，可以加大辅食中肉、蛋、鱼、虾的比例，保证其摄入充足的优质蛋白质。

◆提高烹调水平，变换花色品种，辅以恰当的评价。孩子对色、香、味俱佳的新品种饭菜十分敏感，初次接触某种食物时，成人的正确评价可起到正向导引作用。如成人说"这种菜吃了能长高""这种菜吃了有劲"，孩子会乐于接受的。

◆当孩子不愿吃某种食物或不愿进餐时，不要消极打骂，可以让其暂时离开餐桌，饭后再慢慢讲道理。这样可满足孩子希望得到成人尊重的心理，从而使孩子能顺利进餐。

让宝宝吃饭香的花样食谱

扫扫二维码
轻松同步做美味

适合年龄层：1 岁及以上

鱼肉玉米糊

🔵 **原料**　草鱼肉 70 克，玉米粒 60 克，水发大米 80 克，圣女果 75 克

🔵 **调料**　盐少许，食用油适量

🔵 **做法**

1　汤锅中注水烧开，放入圣女果，烫煮半分钟后捞出，去皮、剁碎。

2　草鱼肉切成小块，玉米粒切碎。

3　用油起锅，倒入鱼肉，煸炒出香味，倒入适量清水，盖上盖，用小火煮熟。

4　用锅勺将鱼肉压碎，鱼汤滤入碗中。

5　汤锅中放入鱼汤、大米、玉米碎，拌匀，用小火煮至食材熟烂，下入圣女果，加少许盐，拌匀煮沸，盛入碗中即可。

适合年龄层：9 个月及以上

多彩水果汁

🔵 **原料**　哈密瓜 120 克，西红柿 150 克，香蕉 70 克

🔵 **做法**

1　哈密瓜、西红柿剁成末，备用。

2　香蕉去除果皮，把果肉压碎，剁成泥，备用。

3　取榨汁机，倒入备好的哈密瓜、西红柿、香蕉，注入少许清水，将食材榨成浓水果汁。

4　取一个干净的小碗，倒入榨好的水果汁即可。

彩蛋黄瓜卷

🍳 **原料** 鸡蛋2个，彩椒50克，黄瓜条120克

🍳 **调料** 盐1克，鸡粉2克，水淀粉、食用油各适量

🍳 **做法**

1 将黄瓜削成薄片，彩椒切成小丁。

2 鸡蛋打入碗中，加少许盐、鸡粉、水淀粉，快速打散搅匀，制成蛋液，待用。

3 用油起锅，放入彩椒，翻炒均匀，倒入蛋液，用中火快速炒熟，装入碗中，备用。

4 取一片黄瓜片，卷成中空的卷，将炒好的材料填入黄瓜卷。

5 依次做完剩下的黄瓜卷，做好后摆好盘即可。

适合年龄层：2岁及以上

扫扫二维码
轻松同步做美味

鱼泥小馄饨

🍳 **原料** 鱼肉200～300克，胡萝卜半根，鸡蛋1个，小馄饨皮适量

🍳 **调料** 酱油5毫升

🍳 **做法**

1 将洗净的鱼肉去刺，剁成泥。

2 将胡萝卜去皮，切成圆形薄片。

3 将胡萝卜片放入热水锅中煮软，捞起，沥干后放于砧板上剁成泥。

4 将胡萝卜泥、搅散的鸡蛋、酱油倒入装有鱼泥的碗内，拌匀。

5 将馅料包成小馄饨，放入锅中，煮熟出锅即可。

适合年龄层：2岁及以上

扫扫二维码
轻松同步做美味

Part 6

营养功能餐，
为宝宝健康加分

保证宝宝正常的生长发育，合理摄取营养是关键。
如果在宝宝的饮食营养方面不注意，宝宝的健康就可
能出现问题。妈妈要注意观察宝宝的成长细节，在保
证营养全面均衡的前提下，通过搭配美味又健康的功
能餐，及时、有针对性地为宝宝补齐营养"短板"。

宝宝补铁食谱

铁是婴幼儿成长必不可少的营养元素。研究发现，2岁以下是缺铁高峰期；2岁以后，随着孩子生长速度减慢以及饮食的多样化，缺铁风险会下降；3岁以后，日常膳食一般都能满足人体对铁的需求。宝宝补铁，首选食补。

0～3岁宝宝补铁要点

6月龄以内的宝宝，如果是配方奶喂养，通常不会缺铁，母乳喂养可能会因为哺乳妈妈缺铁而缺铁，所以妈妈要多吃含铁丰富的食物。动物肝血、肉类、鱼类、贝类等含血红素铁的食物，以及绿叶蔬菜、豆制品、坚果等含非血红素铁丰富的食物，都可以补铁。

食谱推荐

适合年龄层：7个月及以上

蛋黄泥

🔵 **原料**　鸡蛋1个，配方奶粉15克

🔵 **做法**

1　砂锅中注水烧热，放入鸡蛋，用大火煮至鸡蛋熟透。
2　捞出鸡蛋，放入凉水中，待用。
3　将放凉的鸡蛋去壳，剥去蛋白，留取蛋黄。
4　把蛋黄装入碗中，压成泥状。
5　将适量温开水倒入奶粉中，搅拌至完全溶化，倒入蛋黄中，搅拌均匀后盛出即可。

鸡肝土豆粥

🌙 **原料**　米碎、土豆各 80 克，净鸡肝 70 克

🌙 **调料**　盐少许

🌙 **做法**

1　将去皮洗净的土豆切片，再切成小块。
2　蒸锅上火烧开，放入装有土豆块和鸡肝的蒸盘，用中火蒸至食材熟透。
3　取出蒸好的食材，放凉后将土豆、鸡肝分别压成泥，待用。
4　汤锅中注水烧热，倒入米碎并搅匀，用小火煮至米粒呈糊状，倒入土豆泥、鸡肝并搅散，续煮片刻至沸。
5　加入盐，拌匀调味，关火后盛出即可。

适合年龄层：1 岁及以上

扫扫二维码
轻松同步做美味

菠菜肉末面

🌙 **原料**　面条 85 克，肉末 55 克，胡萝卜 50 克，菠菜 45 克

🌙 **调料**　盐少许，食用油 2 毫升

🌙 **做法**

1　将胡萝卜切成粒，菠菜切成碎末。
2　汤锅中注入适量清水烧开，倒入胡萝卜粒，加入少许盐、食用油，拌匀，用小火煮至胡萝卜断生。
3　放入肉末并搅散，煮至汤汁沸腾，下入面条并搅散，用小火煮至面条熟透。
4　倒入菠菜末，拌匀，续煮片刻至断生。
5　关火后盛出煮好的面条，放在小碗中即可。

适合年龄层：1 岁及以上

扫扫二维码
轻松同步做美味

宝宝补钙食谱

钙是人体内含量最大的矿物质。钙不仅是构成骨骼的主要矿物质成分，而且在机体的各种生理和生物化学过程中起着重要作用。在整个婴幼儿时期，宝宝由于身体的快速发育，需要吸收大量的钙质，因此平时应多为宝宝供给高钙食品。

0 ～ 3 岁宝宝补钙要点

母乳中的钙含量丰富，且钙、磷比例恰当，有助于钙的吸收，纯母乳喂养的宝宝不需要额外补钙。人工喂养的宝宝只要喝钙磷比例合适的配方奶，一般也不会缺钙。6 个月以后的宝宝，可以依靠辅食补钙。1 ～ 3 岁的孩子，每天喝奶 500 毫升，多吃含钙丰富的食材。

食谱推荐

适合年龄层：7 个月及以上

扫扫二维码
轻松同步做美味

玉米浓汤

🔵 **原料**　鲜玉米粒 100 克，配方牛奶 150 毫升

🔵 **调料**　盐少许

🔵 **做法**

1　取榨汁机，选用搅拌刀座及其配套组合，倒入洗净的玉米粒。

2　加入少许清水，盖上盖子，选择"搅拌"功能，榨成玉米汁，倒出备用。

3　汤锅上火烧热，倒入玉米汁，搅拌几下，用小火煮至汁液沸腾。

4　倒入配方牛奶，搅拌匀，续煮片刻至沸。

5　加入盐，拌匀调味后盛出即可。

虾皮肉末青菜粥

原料 虾皮 15 克，肉末 50 克，生菜 80 克，水发大米 90 克

调料 盐、生抽各少许

做法

1 把生菜切成粒，虾皮剁成末。
2 锅中注入适量清水烧开，倒入大米、虾皮，搅匀，烧开后用小火煮至大米熟软。
3 放入肉末、生菜，加少许盐、生抽，拌匀煮沸。
4 把煮好的粥盛出，装入碗中即可。

适合年龄层：1 岁及以上

扫扫二维码
轻松同步做美味

金枪鱼南瓜粥

原料 金枪鱼肉 70 克，南瓜 40 克，秀珍菇 30 克，水发大米 100 克

做法

1 将南瓜切成粒，秀珍菇切丝，金枪鱼肉切成丁，备用。
2 砂锅中注水烧开，倒入大米，拌匀。
3 盖上盖，烧开后转小火煮约 10 分钟。
4 倒入金枪鱼肉、南瓜、秀珍菇，拌匀。
5 盖上盖，用小火煮约 25 分钟至所有食材熟透。
6 搅拌至粥浓稠，盛出煮好的金枪鱼南瓜粥即可。

适合年龄层：9 个月及以上

扫扫二维码
轻松同步做美味

宝宝补锌食谱

锌是人体必需的微量元素，参与人体内许多酶的组成，在人体生长发育、生殖遗传、免疫、内分泌等生理过程中起着重要作用，它还与人的记忆力关系密切，被誉为"生命之花""智力之源"。

0~3岁宝宝补锌要点

母乳中的锌吸收率高，纯母乳喂养的宝宝一般不用特别补锌。添加辅食后，应给宝宝添加富含锌的辅食，如牛肉、口蘑、动物肝脏、蛋黄、海鱼、虾、牡蛎、贝类等，但要依据宝宝辅食添加原则进行选择。给宝宝补锌时，不能盲目使用含锌的补品或药物。

食谱推荐

适合年龄层：1岁及以上

扫扫二维码
轻松同步做美味

鱼肉海苔粥

🔵 **原料**　鲈鱼肉80克，小白菜50克，海苔少许，大米65克

🔵 **调料**　盐少许

🔵 **做法**

1　将洗好的小白菜剁成末；鱼肉切段，去除鱼刺和鱼皮；海苔切碎，备用。

2　取榨汁机，将大米磨成米碎，装碗。

3　把鱼肉放入蒸锅中，蒸8分钟至熟透，取出鱼肉，放入碗中，用勺子压碎。

4　汤锅置于旺火上，加适量清水，倒入米碎，用勺子搅拌片刻，煮成米糊。

5　加入盐，搅匀，调成小火，倒入鱼肉，搅拌片刻，加入小白菜，拌匀，煮沸至入味，放入海苔，拌匀后盛出即可。

鸡肉拌南瓜

- 🌙 **原料**　鸡胸肉 100 克，南瓜 200 克，牛奶 80 毫升
- 🌙 **调料**　盐少许

🌙 **做法**

1　将洗净的南瓜切成丁；将鸡肉装入碗中，放少许盐、清水，待用。
2　烧开蒸锅，分别放入装好盘的南瓜、鸡肉，用中火蒸 15 分钟至熟。
3　取出蒸熟的鸡肉、南瓜。
4　用刀把鸡肉拍散，撕成丝，倒入碗中，放入南瓜，加入适量牛奶，拌匀。
5　将拌好的材料盛出，装入盘中，再淋上少许牛奶即可。

适合年龄层：1 岁及以上

扫扫二维码
轻松同步做美味

鳕鱼蒸鸡蛋

- 🌙 **原料**　鳕鱼 100 克，鸡蛋 2 个，南瓜 150 克
- 🌙 **调料**　盐 1 克

🌙 **做法**

1　将洗净的南瓜切成片；鸡蛋装碗，打散调匀。
2　蒸锅烧开水，放入南瓜、鳕鱼，用中火蒸 15 分钟至熟，取出，用刀压烂，剁成泥状。
3　在蛋液中加入南瓜、部分鳕鱼，放入少许盐，搅拌匀。
4　将拌好的材料装入另一个碗中，放在烧开的蒸锅内，用小火蒸 8 分钟。取出后再放上剩余的鳕鱼肉即可。

适合年龄层：1 岁及以上

扫扫二维码
轻松同步做美味

宝宝补维生素食谱

维生素是宝宝生长和代谢所必需的营养素，分为脂溶性维生素和水溶性维生素两类。前者包括维生素 A、维生素 D、维生素 E、维生素 K，后者有 B 族维生素和维生素 C 等。宝宝缺乏维生素时，生长发育会受到阻碍，并容易发生特异性病变。

0～3岁宝宝补维生素要点

0～3 岁的宝宝从出生开始对维生素 A 和维生素 D 的需求量就很大，也最容易缺乏，需重点补充。富含维生素 A 的食材有胡萝卜、鱼肝油、奶油、甜椒、西红柿、动物肝脏等，富含维生素 D 的食材有鱼肝油、蛋黄、杞果、西蓝花、菠菜、金枪鱼等。

食谱推荐

适合年龄层：2 岁及以上

扫扫二维码
轻松同步做美味

腰果葱油白菜心

🔹 **原料** 腰果 50 克，大白菜 350 克，葱条 20 克

🔹 **调料** 盐、鸡粉各 2 克，水淀粉、食用油各适量

🔹 **做法**

1 将大白菜对半切开，切成小块，装入盘中，待用。

2 热锅注油，烧至三成热，放入腰果，炸出香味，将腰果捞出，装盘备用。

3 锅底留油，放入葱条，爆香，将葱条捞出，放入大白菜，翻炒匀。

4 加入适量盐、鸡粉，炒匀调味，再倒入适量水淀粉，拌炒均匀。

5 盛出炒好的菜，装入碗中，再放上腰果即可。

鸡蛋胡萝卜泥

🍵 **原料**　胡萝卜100克，豆腐120克，
鸡蛋1个

🍵 **调料**　盐少许，食用油适量

🍵 **做法**

1. 将洗净的胡萝卜切成丁，装入盘中。

2. 将胡萝卜放入烧开的蒸锅中，用中火蒸10分钟，接着放入豆腐，继续蒸2分钟至其熟透。

3. 取出胡萝卜和豆腐，分别剁成泥；鸡蛋打入碗中，用筷子打散调匀。

4. 用油起锅，倒入胡萝卜泥，加适量清水，拌炒片刻，加入豆腐泥，拌炒均匀。

5. 加少许盐炒匀，倒入蛋液，快速炒匀至蛋液凝固即可。

适合年龄层：1岁及以上

扫扫二维码
轻松同步做美味

三色肝末

🍵 **原料**　猪肝100克，胡萝卜60克，
西红柿45克，洋葱30克，
菠菜35克

🍵 **调料**　盐、食用油各少许

🍵 **做法**

1. 将洗好的洋葱、西红柿、菠菜切碎，胡萝卜切成粒，将处理好的猪肝剁碎，备用。

2. 锅中注入适量清水烧开，加入少许食用油、盐。

3. 倒入胡萝卜、洋葱、西红柿，搅拌均匀。

4. 放入猪肝，搅拌均匀至其熟透，撒上菠菜，搅匀，用大火略煮至熟。

5. 关火后盛出煮好的食材，装入碗中即可。

适合年龄层：1岁及以上

扫扫二维码
轻松同步做美味

宝宝健脑辅食

让宝宝更加聪明，是妈妈的心愿。婴幼儿期是宝宝大脑发育的关键时期，妈妈一定要把握好这个时期，通过各种食物给宝宝提供全面营养，以满足宝宝大脑发育的需求。

 宝宝健脑辅食的基本要点

食物中的碳水化合物进入宝宝体内后可以分解出葡萄糖，为大脑活动提供能量。蛋白质、不饱和脂肪酸、维生素和钙是组成大脑神经细胞并使其传递通畅的营养物质。卵磷脂、B族维生素、DHA（二十二碳六烯酸）、叶酸、牛磺酸、锌等有助于增强宝宝的思维能力和记忆力。

 **食谱推荐**

适合年龄层：10 个月及以上

扫扫二维码
轻松同步做美味

蔬菜蛋黄羹

🍃 **原料**　包菜 100 克，胡萝卜 85 克，鸡蛋 2 个，香菇 40 克

🍃 **做法**

1　将胡萝卜和去蒂的香菇切成粒，将洗净的包菜切成小片。

2　锅中注水烧开，倒入胡萝卜，煮 2 分钟；放入香菇、包菜，拌匀，煮至熟软。

3　捞出焯好的材料，沥干水分，待用。

4　鸡蛋取出蛋黄，装入碗中，加少许温开水，拌匀，再放入焯好的材料，拌匀后放入蒸碗中。

5　蒸锅上火烧开，放入蒸碗，用中火蒸熟后取出，待稍凉后即可食用。

芝麻米糊

🔘 **原料**　粳米 85 克，白芝麻 50 克

🔘 **做法**

1　烧热炒锅，倒入粳米，用小火翻炒至米粒呈微黄色，再倒入白芝麻，炒出香味后盛出。

2　取榨汁机，选用干磨刀座及其配套组合，倒入炒好的食材，磨成粉状，即成芝麻米粉，取出待用。

3　汤锅中注入适量清水烧开，放入芝麻米粉，搅拌，用小火煮至食材呈糊状。

4　关火后盛出煮好的芝麻米糊，放在小碗中即可。

适合年龄层：9 个月及以上

扫扫二维码
轻松同步做美味

虾丁豆腐

🔘 **原料**　虾仁 65 克，豆腐 130 克，鲜香菇 30 克，核桃粉 50 克

🔘 **调料**　盐 3 克，水淀粉 3 毫升，食用油适量

🔘 **做法**

1　将豆腐切成小块，香菇切成粒。

2　虾仁挑去虾线，切成丁，装碗，放入盐、水淀粉、食用油，腌渍 10 分钟。

3　开水锅中加入盐，倒入豆腐，煮 1 分钟后下入香菇，煮半分钟后捞出。

4　用油起锅，倒入虾肉，炒至转色，放入豆腐和香菇，炒匀，加入盐、清水，拌炒匀。

5　放入适量核桃粉，快速拌炒均匀后盛出即可。

适合年龄层：1 岁及以上

扫扫二维码
轻松同步做美味

宝宝开胃消食食谱

宝宝食欲不振，会直接影响食物的摄取量，进而影响其生长发育，不利于宝宝各方面能力的提高。宝宝消化功能较弱、饮食习惯不好以及食物的外观和口感不佳，都可能导致宝宝胃口不好。那么，如何让宝宝吃得香、长得壮呢？

如何增进宝宝的食欲

如果宝宝缺锌和铁等营养素，都会出现厌食、偏食、胃口不好的现象，辅食中应适量增加这两类营养素。另外，给宝宝的辅食应尽量多样化，少量多餐供给，这样有助于促进食物的消化和吸收，增进食欲。还可以通过改变食物的形状和颜色来增强宝宝的食欲。

食谱推荐

适合年龄层：1岁及以上

扫扫二维码
轻松同步做美味

山楂焦米粥

🔵 **原料**　大米 140 克，山楂干 30 克

🔵 **调料**　白糖 4 克

🔵 **做法**

1　炒锅置火上，倒入大米，炒出香味后转小火，炒至米粒呈焦黄色，盛出待用。

2　砂锅中注入适量清水烧热，倒入炒好的大米，盖上盖子，烧开后用小火煮至米粒变软。

3　倒入洗净的山楂干，搅拌匀，再加盖，用中小火煮至食材熟透。

4　搅拌几下，关火后盛出煮好的山楂粥，装在小碗中，撒上少许白糖，拌匀即可。

西红柿面包鸡蛋汤

原料　西红柿 95 克，面包片 30 克，
高汤 200 毫升，鸡蛋 1 个

做法

1　将鸡蛋打入碗中，用筷子打散，调匀。
2　汤锅中注入适量清水烧开，放入西红柿，烫煮 1 分钟后取出。
3　面包片去边，切成丁；西红柿去皮、去蒂，切成小块。
4　将高汤倒入汤锅中烧开，下入西红柿，用中火煮 3 分钟至熟。
5　倒入面包，搅拌匀，倒入备好的蛋液，拌匀煮沸。
6　将煮好的汤盛出，装入碗中即可。

适合年龄层：1 岁及以上

扫扫二维码
轻松同步做美味

菠萝蛋皮炒软饭

原料　菠萝肉 60 克，蛋液适量，软饭 180 克，葱花少许

调料　盐少许

做法

1　用油起锅，倒入蛋液，煎成蛋皮。
2　把蛋皮盛出，凉凉，切成丝，改切成粒。
3　将菠萝切片，改切成粒。
4　用油起锅，倒入菠萝，炒匀，放入适量软饭，炒松散。
5　倒入少许清水，拌炒匀，加入少许盐，炒匀调味。
6　放入蛋皮，撒上少许葱花，炒匀后盛出即可。

适合年龄层：1 岁及以上

扫扫二维码
轻松同步做美味

宝宝增高食谱

宝宝能否长高是让妈妈操心的大事，如果是男孩，大都希望他伟岸英俊，如果是女孩，大都希望她高挑苗条。但是，孩子的身高受遗传、后天营养、运动、睡眠、疾病等因素影响，想让孩子科学增高，应在保证营养供应的基础上做到适当运动。

补充充足的钙、磷和蛋白质

当营养不能满足宝宝骨骼生长的需要时，就会减慢身体增长的速度。骨细胞的增生和肌肉、脏器的发育都离不开蛋白质，生长发育越快，则越需要补充蛋白质；钙、磷是骨骼的主要成分，要多补充含钙、磷丰富的食物；维生素是维持生命的要素，应多食用新鲜蔬菜。

食谱推荐

适合年龄层：1 岁及以上

牛奶黑芝麻糊

🔵 **原料**　配方奶粉 15 克，黑芝麻、糯米粉各 10 克

🔵 **做法**

1　将适量开水注入糯米粉中，搅拌均匀，调成糊状。
2　在配方奶粉中注入适量凉开水，搅匀，待用。
3　砂锅中注入适量清水烧热，倒入黑芝麻，搅拌均匀。
4　关火后放入配方奶粉、糯米粉，边倒边搅拌。
5　将煮好的芝麻糊盛出，装入碗中即可。

南瓜花生蒸饼

◉ **原料**　米粉 70 克，配方奶 300 毫升，南瓜 130 克，葡萄干 30 克，核桃粉、花生粉各少许

◉ **做法**

1　蒸锅上火烧开，放入南瓜，用中火蒸至其熟软后取出。

2　把洗好的葡萄干剁碎，备用。

3　将放凉的南瓜碾成泥状，放入碗中，加入核桃粉、花生粉、葡萄干、米粉，搅拌均匀。

4　分次倒入配方奶，拌匀，制成南瓜糊，倒入蒸碗中，备用。

5　蒸锅上火烧开，放入蒸碗，用中火蒸约 15 分钟至熟，关火后取出即可。

适合年龄层：9 个月及以上

扫扫二维码
轻松同步做美味

青豆鸡丁炒饭

◉ **原料**　米饭 180 克，鸡蛋 1 个，青豆 25 克，彩椒 15 克，鸡胸肉 55 克

◉ **调料**　盐 2 克，食用油适量

◉ **做法**

1　将洗净的彩椒、鸡胸肉切成小丁块；鸡蛋打入碗中，搅散、拌匀，待用。

2　锅中注水烧开，倒入青豆，煮至其断生，再倒入鸡胸肉，拌匀，煮至变色，捞出沥干。

3　用油起锅，倒入蛋液，炒散；放入彩椒、米饭，炒散；再倒入余过水的材料，炒至米饭变软。

4　加少许盐调味，拌炒片刻，至食材入味，关火后盛出即可。

适合年龄层：1 岁及以上

扫扫二维码
轻松同步做美味

宝宝增强免疫力食谱

宝宝出生时从母乳中得到的免疫力可以维持 6 个月左右，之后，宝宝自己的免疫系统会逐渐发育成熟，到 3 岁左右其免疫力相当于成人的 80%。因此，婴幼儿时期是宝宝免疫力较低的疾病高发期，家长可以从饮食上帮助宝宝完善他的免疫系统。

🥕 营养均衡才能增强免疫力

　　母乳中含有较多的抗体和营养物质，是宝宝提升免疫力的最佳食材。一般纯母乳喂养的宝宝可安全度过出生后的 6 个月。对于添加辅食后的宝宝，首先，要做到膳食平衡；其次，不要吃得过饱；再次，多喝水和多吃粗粮；最后，选择含多种维生素和益生菌的食物。

🥕 食谱推荐

适合年龄层：1 岁及以上

扫扫二维码
轻松同步做美味

牛奶薄饼

🔵 **原料**　鸡蛋 2 个，配方奶粉 10 克，低筋面粉 75 克

🔵 **调料**　食用油适量

🔵 **做法**

1 将鸡蛋打开，取蛋清装入碗中，用打蛋器快速搅拌至蛋清变成白色。

2 碗中放入配方奶粉，搅拌均匀。

3 撒上备好的低筋面粉，顺着一个方向搅拌至面粉起劲。

4 注入少许食用油，搅拌至材料成米黄色，制成牛奶面糊，待用。

5 煎锅中注油烧至三成热，倒入牛奶面糊，铺匀，用小火煎至散发出焦香味，翻转面饼，再煎至两面熟透即成。

牛奶紫薯泥

🍵 **原料**　配方奶粉15克，紫薯150克

🍵 **做法**

1　将洗净去皮的紫薯切滚刀块，备用。
2　蒸锅上火烧开，放入紫薯块，用大火蒸至其熟软，取出，放凉待用。
3　把放凉的紫薯放在砧板上，用刀按压成泥，装入盘中，待用。
4　将适量温开水倒入奶粉中，搅拌至完全溶化。
5　再将紫薯泥倒入冲调好的奶粉中，搅拌均匀，装入碗中即可。

适合年龄层：8个月及以上

扫扫二维码
轻松同步做美味

牛肉南瓜汤

🍵 **原料**　牛肉120克，南瓜95克，胡萝卜70克，洋葱50克，牛奶100毫升，高汤800毫升，黄油少许

🍵 **做法**

1　将洋葱、胡萝卜切成粒状，南瓜切成小丁，牛肉去除肉筋，再切成粒，备用。
2　煎锅置于火上，倒入黄油，至其溶化。
3　倒入牛肉，炒至其变色。
4　放入备好的洋葱、南瓜、胡萝卜，炒至变软。
5　加入牛奶、高汤，搅拌均匀，用中火煮至食材入味，关火后盛出即可。

适合年龄层：1岁及以上

扫扫二维码
轻松同步做美味

适合年龄层：1岁及以上

扫扫二维码
轻松同步做美味

香菇肉糜饭

🔘 **原料**　米饭 120 克，牛肉 100 克，鲜香菇 30 克，即食紫菜少许，高汤 250 毫升

🔘 **调料**　盐少许，生抽 2 毫升，食用油适量

🔘 **做法**

1　把洗净的香菇切成粒，洗净的牛肉剁成碎末。

2　用油起锅，倒入牛肉末，炒松散。

3　倒入香菇丁，翻炒匀，注入高汤，搅拌几下，使食材散开。

4　调入生抽、盐，用中火煮片刻。

5　倒入备好的米饭，搅散，拌匀，转大火煮片刻。

6　关火后盛出装碗，撒上即食紫菜即可。

适合年龄层：1岁及以上

扫扫二维码
轻松同步做美味

蛋黄银丝面

🔘 **原料**　小白菜 100 克，面条 75 克，熟鸡蛋 1 个

🔘 **调料**　盐 2 克，食用油少许

🔘 **做法**

1　锅中注水烧开，放入小白菜，煮约半分钟，待小白菜八分熟时捞出，放凉。

2　把面条切成段；小白菜切成粒；熟鸡蛋剥取蛋黄，压扁后切成细末。

3　锅中注水烧开，下入面条，拌匀，煮沸后放入盐、食用油，再煮至熟软。

4　倒入小白菜，搅拌几下，使其浸入面汤中，续煮片刻至全部食材熟透，盛出面条和小白菜，放在碗中，最后撒上蛋黄末即可。